你走在虛實之間
實的是身體和腳下的路
霧把真相都虛掩了。
你掌握得到多少真相？
朦朧的生命，他們的悸動
你想像得出，感覺得到？
前行的你，內心也前行嗎？

——節錄：鍾玲《霧封太平山山頂》

尋牠 ②

香港野外動物手札

葉曉文 繪著

JPC HK

序

抬頭明明是清朗的圓月，卻總覺得身邊有團薄霧纏繞。我喜歡霧又不喜歡霧，它讓我呼吸時感到濕潤舒適，但令我無法看清前路與花草。渺小的人類固然無法掌控天氣，但畢竟這次到山上過夜，是為了拍攝明晨的日出，所以我們都許下願望，盼明早醒來，霧氣退散，一切豁然開朗。

我所愛的大帽山溪澗也時常有霧。五月，香港四照花盛放時，我總會重臨造訪。遠景是深深淺淺的山脈，近處是長年未斷的流水，四照花扎根於澗畔巨石之間，樹下有個稍平的石臺，花季後期，滿地滿池鋪著純白色的落花。

我愛蜷縮身體，睡在石臺上，還原成一粒豆，一個胎兒醞釀的形狀——這姿勢恰巧也像昆蟲化蛹的形態。對我而言，「化蛹」是昆蟲生命周期中最神秘陰暗的過程。無論是食性或活動範圍，完全變態前後的昆蟲，幾乎是兩個完全不同的個體。

完全變態發育昆蟲的最大智慧，乃將累積營養的幼蟲階段，和繁殖後代的成蟲階段，從時空上分隔開來；迥然不同的生理結構、生活環境和習性，有效地避免親子兩代的競爭，增加了整個族群的生存機會。

至於蟲在蛹中變態的時候，發生什麼事呢？幼蟲在蛹期看似安靜休眠，但與其說「休眠」，倒不如說牠正在經歷重生前的死亡。在蛹中，幼蟲體內大部份細胞會死亡，並溶化成一團漿糊；漢代班固《白虎通．天地》說「混沌相連，視之不見，聽之不聞」，世界開闢前那元氣未分、模糊一團的狀態，大概有如蟲蛹內部。

然而，在這堆蘊含豐富營養的漿糊中，剩下的昆蟲細胞盤會急速重組、成長、發育，並長出翅膀，最後破蛹而出，迎向更寬廣的美麗新世界。

古人對昆蟲的「羽化」極為艷羨，甚至落力尋找成仙之法，《史記．封禪書》提到戰國時期，燕齊一帶盛行「方仙道」，得道者能「形解銷化」，死後的屍體如蟬蛻變，生出羽翼，飛升成仙。

《尋牠 2——香港野外動物手札》整個創作過程歷時兩年，期間無論個人生活還是社會環境皆曾發生巨變，Covid-19 疫情之下，人人無不似蛹中之蟲，動盪不安，卻又動彈不得，深刻體會內在的混沌與困惑。

清晨五時鬧鐘響起，走出山邊，其時月亮退下，我們置身黎明前的無淵黑暗，卻發現天上繁星佈遍，發出繾綣星光，彷彿世道越暗，越突顯人性美善的光。六時，鳥兒開始鳴叫，天色泛著藍黑，正東方的山巒之上，雲霧抹記一筆橙紅，然後，太陽升起。為何大家都期待日出？是的，因為黎明來到的一刻，確實無比動人。

葉曉文

二〇二〇年十二月

目錄

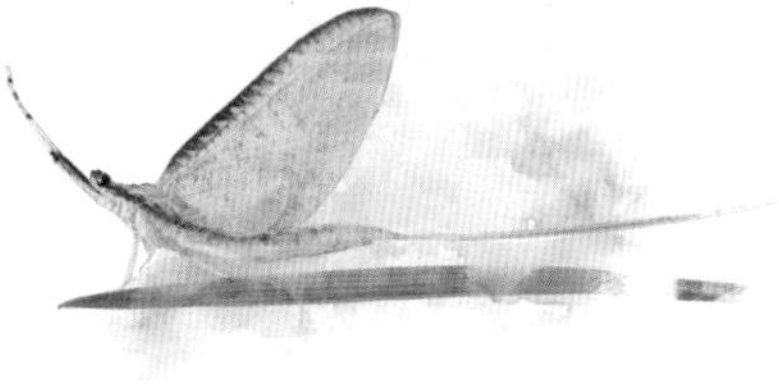

節肢動物

魚類

哺乳類／軟體動物／環節動物

節肢動物

大欖涌水塘

金裳鳳蝶
Golden Birdwing

學名 *Troides aeacus aeacus*

種類 昆蟲綱　鱗翅目

科名 鳳蝶科 (Papilionidae)

香港分佈 林地及開闊原野

保育狀況 受《野生動物保護條例》及《保護瀕危動植物物種條例》所保護

獨自走在林蔭下的迂迴山路，忽然於旁邊山坡上發現福氏馬兜鈴（*Aristolochia fordiana*）的巨大群落，部份更正值花期。對於植物，我越怪越愛，馬兜鈴科的花朵奇形怪狀深得我心。拍攝期間，黑黃相間的大蝴蝶擦過我髮端，抬頭，竟見六七隻在草叢裡忽上忽下、若隱若現地展示曼妙舞姿，正如杜甫詩曰：「穿花蛺蝶深深見，點水蜻蜓款款飛」。

只是牠們並非蛺蝶，而是鳳蝶科的金裳鳳蝶。牠是本地最漂亮、最大型的蝴蝶，一身鮮黃與黑，黑色的前翅綴有優美白紋，金黃色後翅上夾雜整齊的三角形黑斑。

與自然界很多生物一樣，金裳鳳蝶艷麗的黑黃色彩屬「警戒色」，告誡捕獵者牠們有毒。金裳鳳蝶幼蟲食用具馬兜鈴酸的馬兜鈴科植物，並會將毒素積存體內至成蟲階段，因此不論幼蟲或成蟲均有毒。除了身懷毒素，幼蟲亦其貌不揚，全身黑色，長滿肉刺，看起來像條醜醜的海參，令人胃口盡失。牠們受驚時，頭胸更會翻出一對橙黃色的「臭角」，把自己模擬成小蛇，並以古怪臭味嚇退捕獵者。

美麗的生靈可以激發人類對自然造化的感恩與惜愛，但珍稀物種有時也可能因為自身魅力而招來無妄之災。金裳鳳蝶及裳鳳蝶正屬此例，牠們的艷麗經常惹來貪者垂涎，將之捕捉後製成蝴蝶標本，甚至一度令其數量大減。

因此政府於早年立法保護裳鳳蝶與金裳鳳蝶，牠們遂成為受本地法例保護的僅有兩種蝴蝶，並已納入《瀕危野生動植物種國際貿易公約》附錄二（**CITES Appendix II**），禁止買賣。至於牠們幼蟲所食的植物印度馬兜鈴（*Aristolochia tagala*），亦同時受香港法例保護。

除了濫捕，由於城市的擴張、自然生境喪失以及除草劑的廣泛使用等原因，部份蝴蝶正面臨數量下降的威脅。因此保護野生動物必須從心出發，減少野生物種資源商品化之餘，也要盡力保護牠們的自然棲息地。

藍點紫斑蝶

Blue-spotted Crow

學名 *Euploea midamus midamus*

種類 昆蟲綱 鱗翅目

科名 斑蝶亞科 (Danainae)

香港分佈 林地、開闊原野

十一月初，與幾位朋友跟馬屎老師學習蝴蝶生態。我們沿著海灣走，泥灘景色迷人，有橙綠相間的粗腿綠眼招潮蟹，有圓咕碌的波子蟹，我們笑問招潮蟹究竟左撇子還是右撇子比較多，不知不覺間便走了兩小時。

我們絕不放過沿途的蝴蝶。雖說薇甘菊和白花鬼針草是入侵外來品種，秋冬開花時，又的確為蝴蝶和蜜蜂提供豐富蜜源。艷陽底下，灰蝶翅膀上的鱗片反射出金屬藍色的光芒；粉蝶忙著在刺果蘇木的葉底產卵；旱季型與濕季型的小眉眼蝶交配了，牠們翅底圖案有所不同，會生下什麼樣的下一代？

立冬日的斑蝶非常活躍。若說到斑蝶，我永遠無法忘記前年在溪澗中遇到的越冬斑蝶群。斑蝶亞科所有物種均有毒，幼蟲大多以夾竹桃科及蘿藦科植物作寄主，成蟲翅膀常有警告色斑，表示體內擁有源自寄主植物的毒性。

對於昆蟲來說，相較於溫暖季節，冬季時環境資源顯然匱乏，因此大多數蝴蝶會以卵、幼蟲或蛹的狀態度過艱難冬天，斑蝶品種卻多以成蟲狀態群集越冬。

一些來自香港以北地區的紫斑蝶、青斑蝶和虎斑蝶，約十月開始南飛，在本地尋找較溫暖的越冬地點，並在翌年一至二月北返。牠們會選擇溪澗旁茂盛而幽暗的樹林同步過冬；流水充足，大樹林立，既能遮風擋雨，也有充足的冬季開花植物，足以讓斑蝶停棲一個季節。為什麼不獨居？原來聚在一起時，溫度散失速度較慢，如有外敵攻擊時，也能群飛擾敵。

那些在四五米樹上的青斑蝶、藍點紫斑蝶及擬旖斑蝶，靜下來時就像一片片摺合的枯葉。偶爾季候風猛地一吹，數百斑蝶群飛亂舞，閃耀著翅膀上的青色與藍色，環迴兜轉，讓我以為置身仙境。

莊子《齊物論》中「莊周夢蝶」即為其中名篇。文中述説莊周夢見自己變成一隻蝴蝶，「栩栩然蝴蝶……不知周也」，蝴蝶翩翩地輕快飛舞，與世不爭，在天地間遨遊，逍遙自在，好不快哉！卻突然從美夢中醒來，驚覺自己原來不是蝴蝶，莊周還是莊周。他為此感到糊塗了，不知到底是莊周做夢成了蝴蝶，還是蝴蝶做夢成了莊周。

烏桕大蠶蛾

Atlas Moth

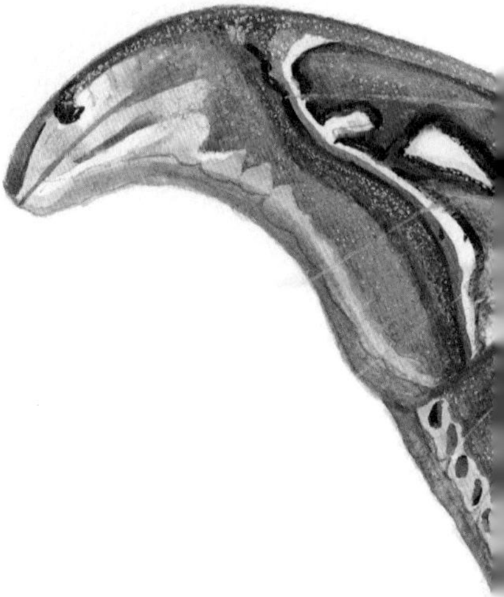

學名 *Attacus atlas*

種類 昆蟲綱　鱗翅目

科名 皇蛾科 (Saturniidae)

香港分佈 林地、山坡灌叢及草地

起初見到這種世界最大的蛾類時，巨大的牠，平靜地緊貼在溫室外的玻璃窗上。

那時我仍在某個興建中的花園工作（我在那裡工作了兩年），某個夏日早上忽然收到花王 WhatsApp 傳來烏桕大蠶蛾的照片，興奮的我急不及待趕到花園去。

但當我靜下來凝視牠，很快便察覺出不妥的地方——牠一雙翅膀隨風擺動，時而平展、時而摺起，竟絲毫沒有自主的能力……突然熱風一吹，牠像一片大枯葉似的整隻被吹起，在空中翻個圈，用力振翅兩下才勉強降落在旁邊的灌木間。小足死命抓住枝椏，奮力平衡左搖右擺的身體。

為牠拍照時，我發覺雖然翅膀有殘缺，但還是沒有減退本質的美。我忽然覺得憐惜，很想輕輕撫摸牠，卻想起手上有蚊怕水的味道，於是把手縮回去了。

烏桕大蠶蛾又名皇蛾，屬世上最大的蛾類，展翅長度可達十八至二十一厘米，色彩鮮艷，身體深褐色，間以白色窄紋；四翅紅褐色，各有一透明三角形窗斑，前翅翅角形似蛇頭的側面，對天敵有威嚇之用，是一種虛張聲勢的艷美擬態。

烏桕大蠶蛾成蟲在四至五月及七至八月間出現，只有一星期的壽命，短命是因為羽化後的牠們，口器已經退化，無法進食，唯一的任務就是等待交配。破蛹的雌蛾慢慢爬到高處，迎著順風釋放費洛蒙；雄性極其敏銳的梳狀觸鬚輕輕擺動，即使遠在數公里之外，也能遙遙接收繁殖訊息。雄蛾交配後幾乎馬上死去，雌蛾產卵完畢，亦隨即結束短暫的生命。

後來，園丁大哥在遠處喚我，我便馬上走了過去，看他新搭的瓜棚，觀看那些躺在泥土上的初生果實……等一下他又說山坡有燙一下便能吃的「簕菜」，於是我便好奇地，笑嘻嘻地，逐步遠離這瀕死的烏桕大蠶蛾。

現在夜了，書房燈光昏黃，我抬頭忽然想起蛾，想起有關死亡種種。我曾面對過好些深沉的死亡，也許還需要一些時年才能平伏。蛾還在嗎？恐怕已經不在了；在山間孤單地迎接死亡的美麗雄蛾，現在我又帶著疚歉地憶起牠了。

柑桔潛葉蛾

Citrus Leafminer

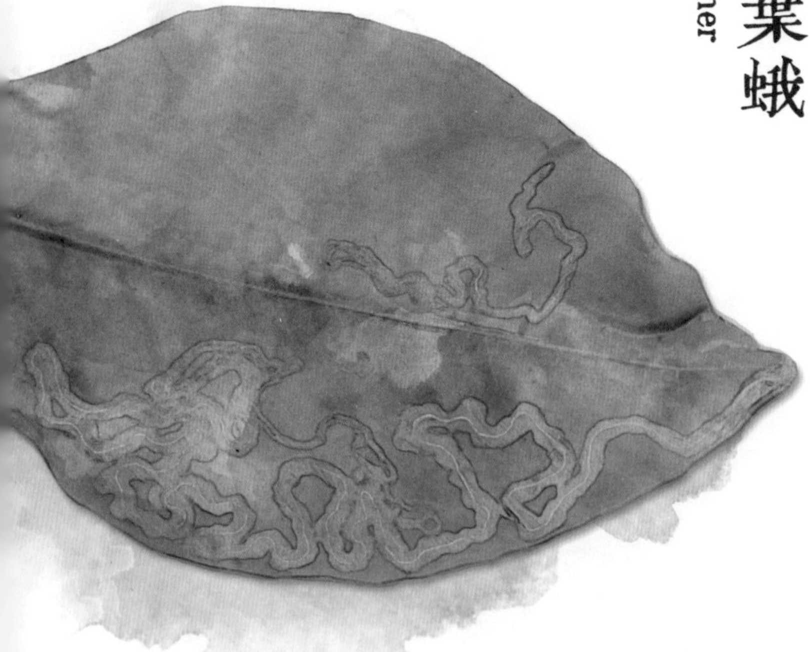

學名 *Phyllocnistis citrella*

種類 昆蟲綱 鱗翅目

科名 細蛾科 (Phyllocnistidae)

香港分佈 林地、農地

葉子常常向我們傳達植物健康的信號，所謂見微知著，透過觀察葉子，我們大概能夠掌握植株狀態。如土壤過度乾燥或氣溫急降會導致大量落葉，澆水太勤會使幼葉變黃，若葉面出現下陷的黑褐色斑點，則極可能是化學傷害。

有一種病葉是：翠綠葉面繞上迂迴的白色花紋，像被畫上符咒，是一種叫「繪圖蟲」的蟲害在作怪。這些花紋的創作者通常包括蠅類、甲蟲類和蛾類幼蟲，都是匿藏於葉中的細小昆蟲，被統稱為潛葉蟲或繪圖蟲。嚴重為害時會造成落葉，使新梢生長受阻，影響樹的生長與結果。

如柑桔潛葉蛾的幼蟲常在柑桔樹的嫩葉上潛生，母蟲把卵產於寄主植物的葉片上，卵成功孵化後，為了躲避天敵及得到穩定的食物來源，幼蟲便潛入葉內，終日取食葉肉組織，一邊挖食，一邊在葉上埋首「塗鴉作畫」，蛀出獨一無二的圖案。

這些咬痕的形狀及前進方向並沒有規則，九曲十三彎，永不重疊，蛀道卻有「先窄後寬」的共通點：始端較細的是卵孵化的位置，幼蟲一路向前挖食，日子有功，身體和食量亦隨之增大，直到終齡。成熟時會咬破葉面，爬離蛀道後變蛹，再羽化為成蟲，一走了之。

我無法想像繪圖蟲那些長期不見天日的生活，日夜困在細小的空間吃喝和睡，就似醉生夢死的御宅族。御宅族是一九七〇年代在日本誕生的稱呼，主要指流行文化愛好者，他們長時間待在家裡，從事靜態的活動居多，對於不屬大眾文化的次文化，如動畫、漫畫和電子遊戲等非常迷戀。

我凝視帶著迷宮圖案的病葉，又想起唐代皇甫松在《醉鄉日月》提及的「病葉」和「狂花」：「飲流謂睚眥者為狂花，且睡者為病葉。」他稱醉後喧嘩者為「狂花」，醉後閉目呼然大睡者為「病葉」。《醉鄉日月》除了記載唐代酒令之外，也顯示了皇甫松理想中的「醉鄉」內涵，透過適當的飲酒方法，達到深入醉鄉的目的，實在是唐代的「酒醉指南」也。

避債蛾
Bagworm Moth

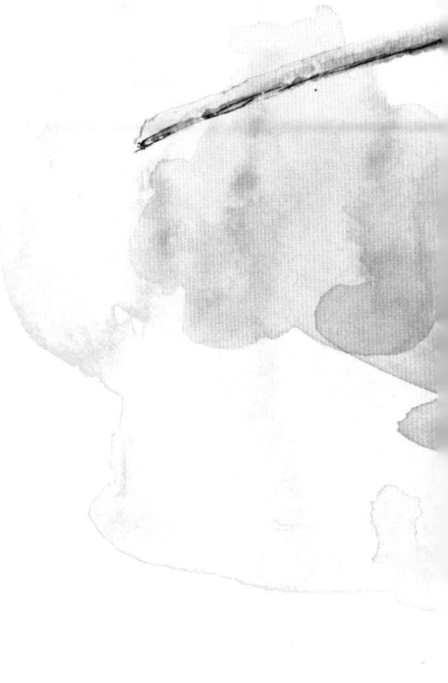

學名 *Psychid* sp.

種類 昆蟲綱 鱗翅目

科名 蓑蛾科 (Psychidae)

香港分佈 林地

新冠肺炎時期大家無法外遊，被迫終日待在香港。打工仔在家工作，老師由面授變成網上授課，每天練習棟篤笑技巧；後來限制逐漸放寬，所有因疫情延遲或取消的活動「報復式回歸」，加上十月十一月是兩個大 **project** 的死線（其中一個就是此書囉），我發憤圖強日夜寫作，還是敵不過時間流逝，心虛之下關掉電話鈴聲，**WhatsApp** 信息不讀不回，徹頭徹尾地變成一隻「避債蛾」了。

初次遇上避債蛾，是在野外山徑的綠色欄杆上，那是一粒小螺似的物件黏在金屬上，「小螺」的殼由小枯枝和草碎組成，我望著這小團垃圾突然動起來，突出頭胸部慢慢前行，才發覺是避債蛾。

避債蛾又名「簑蛾」，屬完全變態昆蟲，一生經歷卵、幼蟲、蛹和成蟲四階段，仍屬幼蟲階段的牠們，會吐出絲線用作黏附斷枝、枯葉或雜物，以製造牠的安樂窩「簑囊」。避債蛾幼蟲時期都棲息於簑囊中，像蝸牛帶著殼，時刻帶著簑囊走動，幼蟲成熟時會將簑囊掛在樹枝上化蛹，最後羽化。不同品種的避債蛾所結的簑囊形狀各異，有的呈長卵形，有的呈圓柱形，有的呈三角形——視乎創作靈感和建材。

牠們肚餓時會伸出頭胸於枝條附近啃食，遇到騷擾立刻將頭胸縮進簑囊。在香港，我們可以在不同品種的樹林上發現避債蛾，包括茶樹、龍眼樹、番石榴樹、樟樹及台灣相思等。較常見的品種有大簑蛾（Big Bagworm）及茶簑蛾（Wax Tree Bagworm）。

以往蜘蛛絲被稱為「世界最強」的生物纖維，不過有研究指出簑蛾絲比蜘蛛絲更為堅韌——每條簑蛾絲雖然只有零點零一厘米，但比蠶絲堅韌五倍、比蜘蛛絲堅韌兩倍。未來簑蛾絲可應用的地方甚多，包括防彈衣、電子部件、醫療用品及航天材料等。

環顧四周，亂糟糟的家居堪比避債蛾的簑囊，而我就像躲避債主的債仔一樣，在廢墟中隱藏起來，儘量低調而不引人注意……但願自己完成各項工作，如避債蛾早日長出翅膀，破蛹而出，逃出困境。

石蛾
Caddisfly

學名 /

種類 昆蟲綱　毛翅目

科名 /

香港分佈 淡水溪流

一個礦洞前的小水坑，我們蹲著，享受著礦洞內吹出比戶外氣溫低六七度的流動生風，在極度燠悶的夏夜感受著絲絲清涼氣息。一如既往地用電筒亂照，在礦洞旁邊的牆壁留下光的軌跡。原本忙著觀察水中米蝦的我，赫然在水邊發現一條碎石和砂粒組成的長形小管在緩慢走動。我用微距相機拍攝下來，放大一看，竟發覺小管前端還有三對腳在前後挪移！同伴告訴我那是「石蛾」幼蟲。

雖然名叫石「蛾」，但跟「鱗翅目」蛾類截然不同，由於身體與翅面多毛而無鱗片，被歸類為「毛翅目」。共棲於淡水生境的蜉蝣、石蠅和石蛾均對水質污染極敏感，故被列為水質指標生物。目前美國、加拿大等會採用 **EPT** 法，根據每種環境下物種數量的多寡程度評定水質狀況。**EPT** 正是取自物種分類上各目的開頭字母（E蜉蝣目、P襀翅目、T毛翅目）而命名。

幼蟲生活在水流下的溪底，身體柔軟脆弱，卻懂得吐絲把砂石或枯枝碎屑黏成長筒形「金鐘罩」，然後將整個身體藏進其中，最後這位水底建築師，會在管口織出一個小網，以濾食水中的有機物或藻類。

由於吐絲習性與疏堂親戚蛾類相似，在中國古代，石蛾幼蟲亦被稱為「石蠶」或者「石蠶蛾」。唐代醫學家陳藏器在書內記載得清楚：「石蠶蟲一名石下新婦，今伊芳洛問水底石下有之。狀如蠶，解放絲連綴小石如繭。春夏羽化作小蛾，水上飛。」北宋藥物學家寇宗奭於《本草衍義》曰：「石蠶在處山河中多有之。附生水中石上，作絲繭如釵股，長寸許，以蔽其身。」

就像那些避債蛾和草蛉的幼蟲，石蛾幼蟲也會將「古靈精怪」的雜物帶在身上，就像拾荒者及「收買佬」。收買佬是第一代環保工業的首站從業員，他們會沿街道巡邏，邊走邊高喊：「收買爛銅爛鐵、爛金牙、雷公銅、朱義盛、爛銀器。」把有價值的東西收買，修理然後轉賣。據説小孩子從家裡拿出爛銅爛鐵爛手錶，就能跟收買佬去換叮叮糖云云。

東方蜜蜂
Oriental Honeybee

學名 *Apis cerana*

種類 昆蟲綱　膜翅目

科名 蜜蜂科 (Apidae)

香港分佈 林地、山坡灌叢及草地

本港有兩種常見蜜蜂，包括原生的東方蜜蜂及被養蜂業引入的西方蜜蜂（*Apis mellifera*）。我們在野外遇到的蜜蜂巢多屬東方蜜蜂，西方蜜蜂雖然產蜜較多，而且能讓養蜂業者收集蜂皇漿，然而西方蜜蜂性情過於溫純，面對本地黃蜂的襲擊亦毫無抵抗能力，故在野外難以生存。

每個蜂巢都由一隻蜂后統治。蜂后作為族群核心，決定了該巢蜜蜂之興衰；她是蜂巢中唯一發育健全、具繁殖能力的女皇。年輕的她會飛出巢穴與其他蜂巢的雄蜂交尾，然後回巢生育。蜂后一生只交尾一至兩次，精子已足夠在餘生為己所用。當舊蜂后體衰力弱、產卵速度緩減，蜂群數量又達至一定程度，便有機會出現「分巢」情況。工蜂很可能會另立新后，前蜂后需退位讓賢，離開巢穴另起爐灶，把舊居讓予新生的蜂后。在分巢期間，前蜂后連同蜂群通常會短暫停留樹枝樹幹上，場面雖然驚嚇，但通常不會攻擊人，直至牠們確定新巢選址，便會蜂擁而去。

蜜蜂為重要的花粉傳播者，對植物的生命循環非常重要。對農人來說，原生授粉動物是他們重要的工作夥伴，使農作物增產。然而氣候變遷、土地使用方式的改變、殺蟲劑的使用、城市化發展令棲居地消失，造成了全球蜜蜂數量持續下降。本土植物逐漸消失，打斷生物鏈，進一步危及已遭破毀的生態系統。

在文人筆下，蜜蜂常展現出「勤奮德性」。唐朝劉禹錫《晝居池上亭獨吟》詩云：「日午樹陰正，獨吟池上亭。靜看蜂教誨，閒想鶴儀形。」話說劉禹錫走入政壇後，參加了王叔文集團的政治改革，其後被貶為「朗州司馬」；那是個投閒置散的職位，他在日午時，坐在池上亭裡獨吟，看到池邊花間忙碌的蜜蜂，引起他深沉的思考，也想學蜜蜂勤奮勇敢，積極返回朝廷從政。

《中庸》說：「萬物並育而不相害，道並行而不相悖」，人與大自然的關係並不是對抗的，而是協和共存，勤蜂從一朵花飛到另一朵花，採集比自己和種群所需更多的蜂蜜，把自己勞力奉獻，從不心灰意冷、失去希望。

叉胸側異腹胡蜂

Paper Wasp

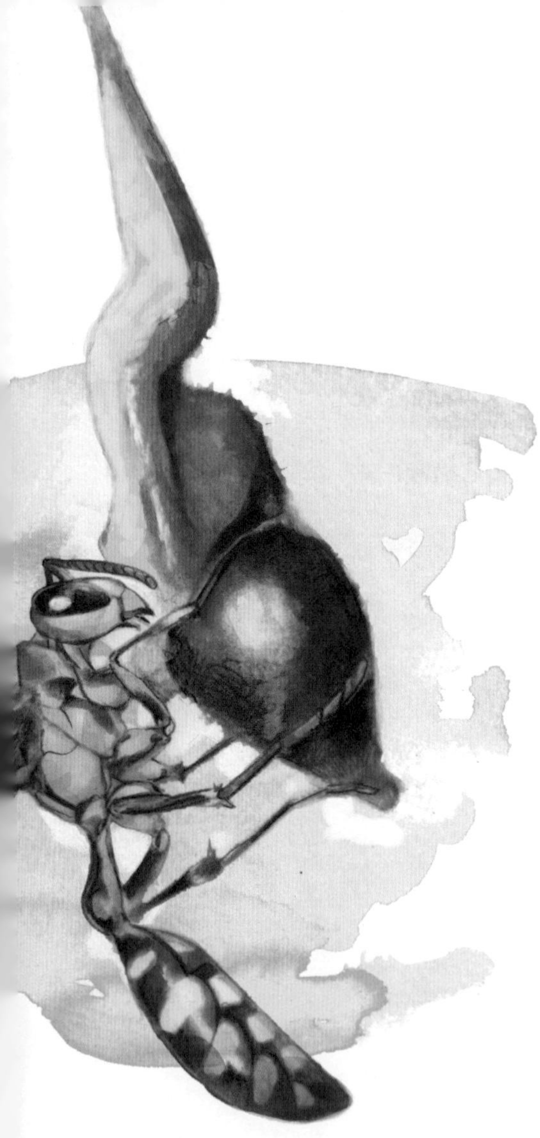

學名　*Parapolybia nodosa*

種類　昆蟲綱　膜翅目

科名　胡蜂科 (Vespidae)

香港分佈　林地、草地、市區

某年初秋，遊日本長野縣，到訪相傳穗高神社祭祀的神明所降臨的「上高地」。遠方山峰長年積雪，近處森林濃綠、溪流清澈，「上高地」的確宛如仙境。我們又走過因芥川龍之介的小說《河童》而聲名大噪的「河童橋」，看見中小學生忙於拍攝秋季旅行大合照；野鴨們搖著豐腴的身軀向路人討食，小小野蘭在沒人注意的山坡盛放，藍天白雲，碧水黃葉，目不暇給。

如詩如畫的美好，卻被頭頂傳來的突然劇痛所搗毀！我被一隻胡蜂螫了，「天靈蓋」位置發熱發痛；我坐在草地上，同伴為我輕輕按摩隆起的傷，二十分鐘後痛感才稍稍消散。

我紅著眼說我討厭胡蜂，牠們是脾氣不好的狩獵者。許慎《說文解字》說：「蜂，飛蟲螫人者。」蜂類的螫針是由產卵管特化而來，與毒液腺相連，故只有雌蜂會螫人，雄蜂並無螫針。胡蜂螫人叫人痛苦難耐，「黃蜂尾後針，最毒婦人心」，必須時時銘記。

胡蜂食性廣，牠們嗜食糖性物質，如花蜜及成熟的水果等，同時吃肉。在昆蟲世界中，胡蜂處於食物鏈的頂端，是授粉者也是捕食者，毛蟲、蚜蟲、蒼蠅等均屬牠們的攻擊目標。蜜蜂亦是其獵食對象，胡蜂性兇猛，行動進取，甚至會攻入蜜蜂巢內，把巢中蜜蜂及幼蟲殺害，搬回所住的巢內，嚼碎獵物後以肉泥餵飼幼蟲。

古詩詞中的「蜂」亦非善類，《詩經．周頌．小毖》曰：「予其懲，而毖後患。莫予荓蜂，自求辛螫」，意譯即是：「我須引以為戒，謹防後患。不能碰黃蜂，只會自找苦頭被蜂螫。」原來《小毖》是周成王祈求臣下幫助的詩歌。話說周成王繼任時年幼，由其叔周公攝政。周成王長大後聽信流言，懷疑其叔有意篡位，周公為了避嫌，只好領兵東征。但周公走後，鄰國馬上趁機叛亂，使國家陷於水深火熱中，周成王遂誠心懺悔並希望迎回周公，《小毖》正是悔過挽留的詩歌，而「蜂」正是埋伏周圍、虎視眈眈的敵國也。

黃猄蟻
Green Tree Ant

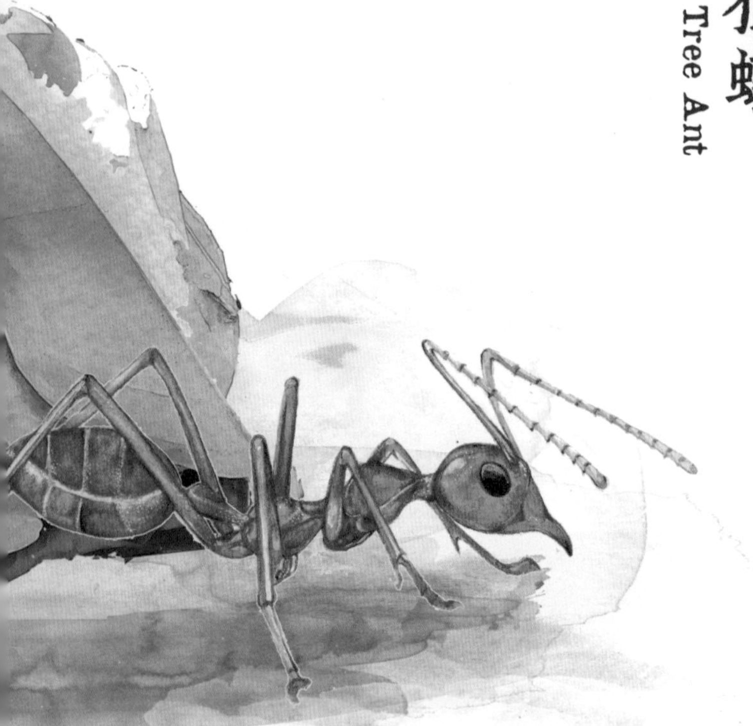

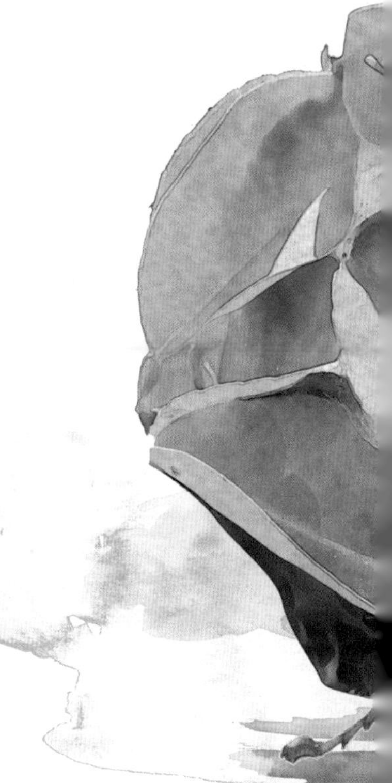

學名　*Oecophylla smaragdina*

種類　昆蟲綱　膜翅目

科名　蟻科 (Formicidae)

香港分佈　林地

與香港恒生大學學生們到校園後方的大老山馬麗口坑爬澗。由於馬麗口坑的水流過校園，他們給溪澗改名「恆河」。為了探尋「恆河惟一的秘密」，我們穿好行澗衣裝，橫過了大老山隧道外的天橋，再輕輕推開灌木叢入澗。

他們第一次爬澗，手足並用，走得戰戰兢兢，短短的四五百米路，需分兩天探索。要知道爬澗難度遠比行山高，行山有路可循，溪澗則由大石組成，狀況因天氣及水位隨時改變，依靠攀澗者自行判斷溯澗路線。

澗與馬路，數米之隔，卻是另一天堂。天然溪澗無論景觀變化或物種數量，都遠比人工馬路來得複雜豐盛。水清魚游，蝴蝶蜻蜓款款飛，大家看得不亦樂乎。

卻突然傳來尖叫！原來同學被螞蟻上身了，慌忙將牠們撥走。我挨近看，原來是黃猄蟻。沿著路跡，更在五米外發現牠們用樹葉編成的蟻巢。

黃猄蟻屬樹棲螞蟻，是編織蟻屬下的一個種。工蟻體長約十毫米，身體呈半透明的琥珀色，眼睛明亮，雙顎咬力甚大。織巢過程很獨特，會就地取材，用掛在樹上的葉片織成球形蟻巢。牠們團隊合作緊密，選好築巢地點後，工蟻會咬緊葉片把相鄰的枝葉拉近，接著旁邊的工蟻會啣著適齡幼蟲在葉間穿梭，期間幼蟲會被催促吐絲，用「膠水」把枝葉黏結成近球狀的葉巢。

黃猄蟻會主動追咬入侵其巢穴位置附近的入侵者，因此被築巢的大樹實際上得到牠們的保護。宋代莊綽寫有《養柑蟻》：「廣南可耕之地少，民多種柑橘以圖利，常患小蟲，損失其實。惟樹多蟻，則蟲不能生，故園戶之家，買蟻於人……謂之養柑蟻。」柑樹常常遭受蟲害，果農於是向別人買能殺蟲的螞蟻，放到柑樹上飼養，擊退害蟲，是為早期的「生物防治」方法也。

蟻蛉

Antlion

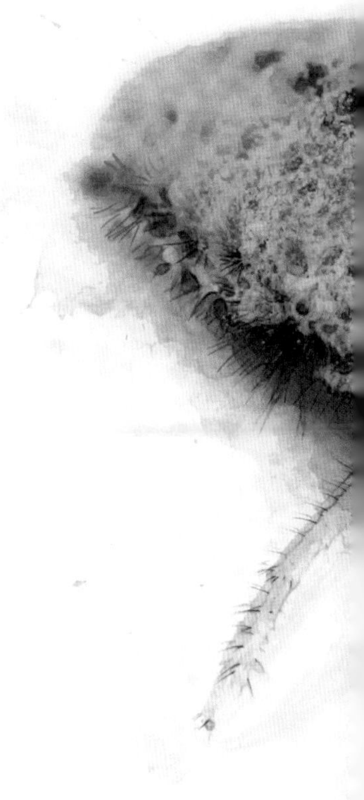

學名　*Myrmeleon* sp.

種類　昆蟲綱　脈翅目

科名　蟻蛉科 (Myrmeleontidae)

香港分佈　林地、山坡灌叢及草地

小學時喜歡窩在家裡打電玩，RPG（角色扮演）、釣魚和 The Sims（模擬）系列一向是我的最愛。芸芸眾多遊戲中，《模擬螞蟻》令我為之著迷。故事中，「我」是黑蟻后在地下蟻巢中生出的第一隻螞蟻，出生後成為「管家」，需要處理巢中大小事務，包括為蟻后接生、照顧幼兒、擴充巢穴、尋找食物，以及防範對手黃蟻的侵襲。

在帶領蟻群四出「搵食」的途中，會遇上襲擊，包括蜘蛛和蜈蚣的捕食、人類的無情踐踏、吸塵機的攻擊等。當中有種令我印象難忘的「陷阱」：那是一些在沙地上的小漏斗，中間有一個下陷的漆黑洞穴，假如我不小心踏進去，就會被一種帶「鉗」的大昆蟲所吃掉，畫面一黑然後 Game over！

在遊戲中帶鉗的「牠」身份甚為神秘，只會露出小半個頭，以及強勁顎鉗。我不懂日文，始終沒法知道自己的死因，直到十幾年後在野外觀察，閱讀一些昆蟲相關的書才恍然大悟，原來這些漏斗都是「蟻蛉」幼蟲，又名「蟻獅」的傑作。

蟻蛉屬於脈翅目下的昆蟲，《本草綱目》中牠們叫「沙挼子」，全球約有五千種，屬完全變態昆蟲，特色是擁有兩對脈紋豐富的膜質翅膀，及巨大的鐮刀狀口器。

《昆蟲記》是法國昆蟲學家尚－亨利．法布爾（**Jean Henri Fabre**）的主要著作。在他筆下，昆蟲似乎和人一樣有喜怒哀樂。作者親自觀察體驗及採用豐富的間接材料，讓知識性的讀物兼具感性的人文思想，洋溢著對生之熱愛和人生感悟。《昆蟲記》中也有對蟻蛉的幼蟲作出描述：「肥大的腹部下長著六隻腳，似乎總是吃不飽，頭部前端長著兩隻彎曲的可怕鉗子，一開一合。」

由於獵食對象主要是螞蟻，因此又叫蟻蛉。牠會把身體鑽入沙中，然後用惡鉗向外撥走泥沙，形成漏斗形狀的地穴，而牠自己就是地穴中的將軍，坐鎮四方，靜待路過昆蟲走過，即伸出強而有力的大顎，把獵物緊緊咬著，拖入地洞中。遇襲者深陷沙洞中，難以反抗，往往就此一命嗚呼，突然 **Game over**。

大蚊

Crane Fly

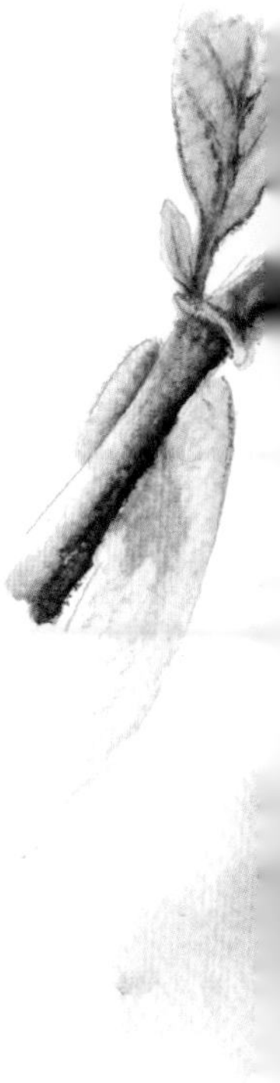

學名　/

種類　昆蟲綱　雙翅目

科名　大蚊科 (Tipulidae)

香港分佈　林地、開闊原野及淡水溪流

夏秋之際的黃昏，間中有體型瘦削、足肢很長的飛行昆蟲闖入梅子林故事館。牠們貌似會咬人的蚊子，身形卻比普通蚊子大好幾倍，靜靜駐足牆上，黃色的燈光把牠們的影子拉得更長，與之共處一室，實在叫人異常不安。

香港常見咬人的蚊子品種包括白紋伊蚊（*Aedes albopictus*）、傑普爾按蚊（*Anopheles jeyporiensis*）、致倦庫蚊（*Culex quinquefasciatus*）、三帶喙庫蚊（*Culex tritaeniorhynchus*）等。而我是知道的，眼前是不咬人的大蚊。牠們屬雙翅目下的大蚊科，蚊身長度可達五十毫米，但沒有刺吸式口器，對人類沒有殺傷力，也不會吸我的血。不咬人的大蚊常常生活在泥土、腐木中或淺水旁，取食植物根部和泥面腐殖質。濕地生境中，每當風吹過，常見到大蚊用力抓住葉片，身體隨風搖搖晃晃，空氣靜下來時身軀放鬆垂下，像褪下來的蟲殼。

大概古代文人墨客深受蚊叮蟲咬之苦，筆下不少「驅蚊土法」。《聊齋志異》的作者蒲松齡曾寫《驅蚊歌》：「爐中蒼朮雜煙荊，拉雜烘之煙飛騰。安得蝙蝠滿天生，除毒族安群民。」把蒼朮及黃荊混在一起燃燒，作為驅蚊的煙熏，還倡導人們利用蚊子的天敵蝙蝠來除蚊呢。

詩人陸游在《熏蚊效宛陵先生體》也寫道：「澤國故多蚊，乘夜窺可怪。舉扇不能卻，燔艾取一塊。」水澤之地多蚊，就算舉扇也不能趕走，於是只好「燔艾」，就是燃燒艾草驅蚊也。

也許被蚊子叮慘了，清代浙江名士單斗南寫了首《詠蚊》，內容更加痛快直接：「性命博膏血，人間爾最愚，嚼膚憑利喙，反掌隕微軀。」用性命去博取膏血，是人世間最愚蠢的事，蚊子用口器刺破皮膚，但又豈是人的對手？一巴掌就能要了蚊子性命了！

東方果實蠅

Oriental Fruit Fly

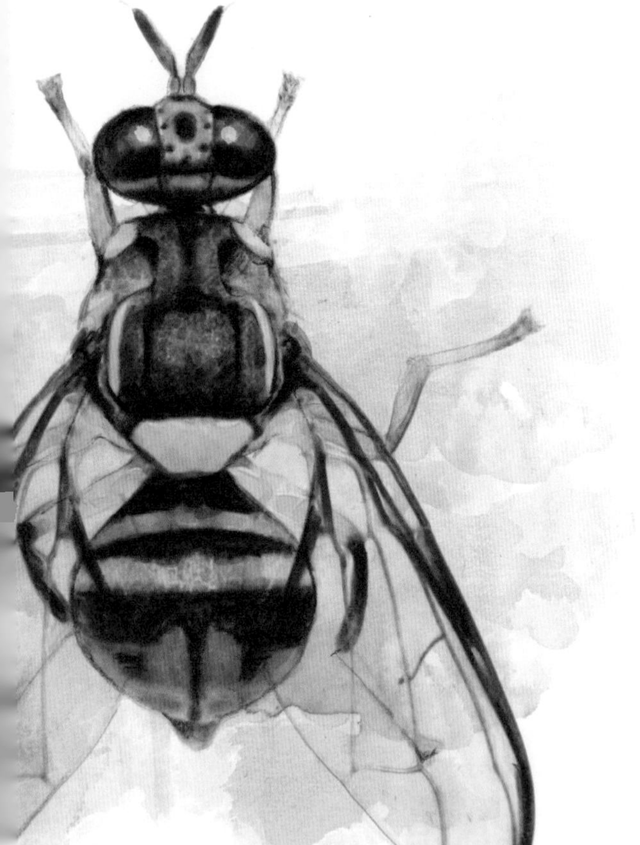

學名 *Bactrocera dorsalis*

種類 昆蟲綱　雙翅目

科名 實蠅科 (Tephritidae)

香港分佈 農地

番茄收成的希望再次落空。眼看它們由青色小果開始，每天努力地吸收日月精華，日漸發育成手掌大的果實，卻又在成熟變紅之際突然腐敗、發臭、枯萎！一次又一次輪迴似的挫敗，一度令苗圃瀰漫淡淡灰色。為了踢走失敗感覺，我把臭番茄採下，然後擲鐵餅似地用力擲進樹林，才稍稍緩了心中怒氣。後來某次在投擲前「停一停，諗一諗」，在凹陷的果實表面找到數個小針孔，才突然驚醒：原來一直以來，都是東方果實蠅幹的好事！

提起東方果實蠅，沒有一個農夫不恨得牙癢癢。牠們驟眼看上去就像有益農事的蜜蜂，但面具底下卻遺害多種農業果實。雌性果蠅把產卵管插入果皮之下，然後產卵，幼蟲在果實內成長，蛀食味美的果肉，導致果實由內到外腐爛。

有時「受害果實」外表與健康作物並無二致，直到收成後用刀子切開，才發現裡面早被佔據，幾十條白白小蟲把瓜果當成遊樂場，在裡面活蹦亂跳，令人不禁頭皮發麻。

果實蠅原本生於野外，以野果為食，但農田裡的果實畢竟比野外果子香甜美味得多，因此果實生產行業越發達，食用果實為生的昆蟲們便越開心。受害的農作物品種繁多，包括瓜類、番茄，以及一些表面較軟的生果，幾乎無一倖免。要防治蟲害，你必須趕在結果初期套上防蟲網，作物才能倖免於難。

除了套網，由於牠們愛好艷美的黃色，因此農夫會在農作物旁邊掛上一種表面黃色、又具有強黏性的黏貼膠紙，把果實蠅引誘過去。但這種貼紙其實不甚好，雖然經常黏到果實蠅，卻連累其他昆蟲蜥蜴甚至鳥類中招，成為無辜犧牲者。因此近年人們多改用專門捕捉果實蠅的膠瓶：先在瓶子注水，再在樽頸位置滴幾滴柑橘香味的精油，這樣一隻隻果實蠅便似「盲頭烏蠅」般飛進膠瓶裡，然後被活活浸死。

邊褐端黑螢

Firefly

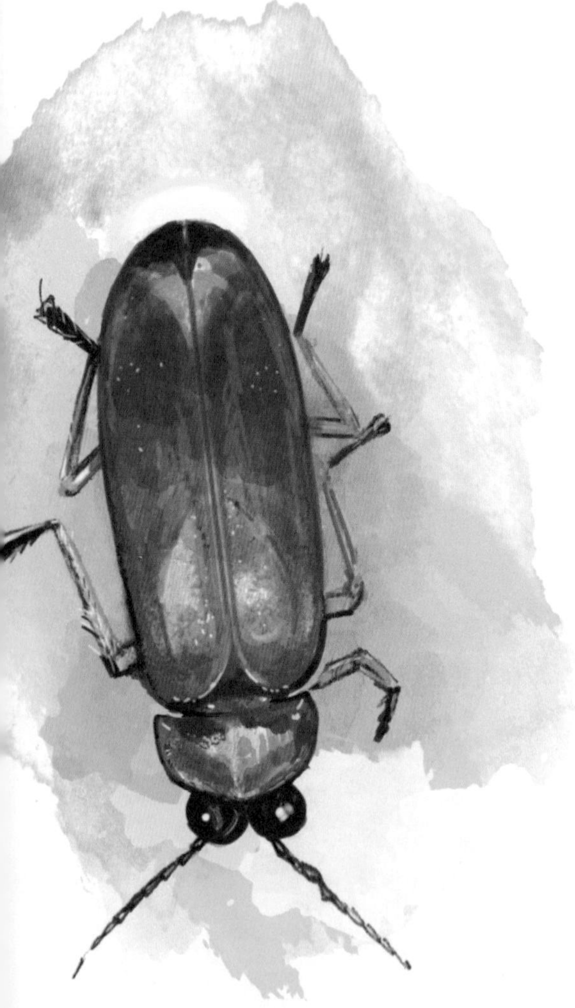

學名　*Luciola terminalis*

種類　昆蟲綱　鞘翅目

科名　螢科 (Lampyridae)

香港分佈　淡水濕地

八月如火，太陽直直把體內的水分抽乾，我呵出每一口氣都熱。烈日下山，夜風一吹，晚間卻是沁涼如水，正是觀看螢火蟲的好季節。某夜，在一片雜草叢生的濕地，我跟友人靜靜等待著發光昆蟲的出現。

這裡是著名的觀螢勝地；被矮山包圍的低窪平原，附近有淙淙小澗，混合濕地、矮灌叢及草地生境。香港有廿九種螢火蟲，據說這裡已有五六種，而且數量多，高峰期時，上百隻、甚至千隻螢火蟲同時在空中放光。天文台預測當日日落時間為七時零二分，我們從傍晚六時一直等，眼見天色逐漸由藍轉黑，到了很暗的時候仍看不見蟲的影蹤，我有點焦急，說：「無可能，為何一隻也看不見？」

我們來來回回，終於在澗邊石上找到幾點微光，牠們平靜地蟄伏在那裡，大概是螢的幼蟲。事實上，螢火蟲的卵、幼蟲和蛹都會發出螢光。螢的幼蟲樣子跟成蟲差異很大，外形如一列被壓扁的舊火車，並不討好，更是窮兇極惡的獵食者，常以蝸牛為獵食對象，會把消化液注入蝸牛體內，把牠們溶解後再吸食。

我們回到茂密草叢，發現更多發光的螢在黑暗中漫舞，為了求愛。這裡常見邊褐端黑螢，體長十至十二毫米，觸角絲狀，複眼發達，身體及足腿皆呈橙黃色。在五月至九月可見，於日落後半小時至九十分鐘最為活躍，雄性常在空中重複發出五至八個閃光脈衝，雌性呢？則多停留在植物上。二千多年前編著的《爾雅．釋蟲》指：「螢火，即焰。」《禮記．月令》就有：「腐草為螢」；古人見螢火蟲常在亂草堆中出沒，便誤認為螢火蟲由腐草化成。

更多更多光斑出現了，看不見，原來只是天未夠黑。天黑了，數百隻螢火蟲同時發亮……因品種而異，有些持續放光，有些不斷閃光，有些閃一下、休息、再閃一下。牠們「各自爬山」，用自己方法努力發出信息。

晚風輕吹，牠們的飛翔越來越顯眼，就像，世道越黑暗，越突顯出人性美善的微光。

康蜣螂

Dung Beetle

學名　*Copris confucius*

種類　昆蟲綱　鞘翅目

科名　金龜科 (Scarabaeidae)

香港分佈　林地及草地

我在梅子林的壁畫工作由仲秋進行到深秋，為期約兩個月，期間每星期駐留村中三至四晚，整天以動植物與顏料為伴，一直過著規律簡單的隱居生活，很早醒來，又很早入睡。夜間出乎意料地並不十分寧靜，偌大的空間充滿了紡織娘及貓頭鷹的叫聲，飛行中的蝙蝠也會發出某種人類耳朵能夠勉強聽得出的頻率。在清晨或黃昏，偶然會聽到香港惟一一種鹿科動物——赤麂（*Muntiacus muntjak*）的吠叫聲。

夜間的梅子林故事館也常有昆蟲來訪，螞蟻和飛蛾最為常見，也有一些綠色的小蝽象，另外亦不得不提糞金龜。糞金龜又稱「蜣螂」，我在梅子林遇見的品種為康蜣螂。身體黑色，長約兩厘米，背部有堅硬的甲；把牠翻轉過來，胸部和腳長有黑褐色的長毛。雄性的康蜣螂頭部中心有一個短錐形角，雌性的頭部則像個泥鏟。牠們會飛，趨光性，由於故事館是村中惟一會亮起燈的房子，便常常以堅硬的身體「嘭嘭嘭」地撞響玻璃窗，甚至由門窗隙縫「衝關」進來，一夜約有六至七隻。

梅子林村前有一大幅梯田，種有桔樹，由於人流少、空間大，黃牛群喜愛流連食草。牛群一待就是半天，離開後往往留下大量排遺，雖不雅觀，對植物而言卻營養豐富，因此我會擔當「鏟屎官」，把牛屎收集，作有機堆肥之用。

牛糞有利植物生長，同時惠及糞金龜。糞金龜依靠分解大型食草動物的糞便和動物的屍體維生，也會為自己的後代準備食物，一些品種的蜣螂找到糞堆後，會把糞便弄成一個球，然後頭部著地，用後肢滾著比身體大的糞球，倒退著離開。古人也察覺蜣螂這種有趣的推糞特性，故曾給牠們「轉丸」、「弄丸」、「推車客」等貼切的名字。

但並非所有蜣螂都推糞，部分蜣螂會就地挖掘通道，把糞便直接埋入地下，推到通道末端的巢室中。儲存起來的糞球固然是雄性吸引異性的重要財富，也是後代的糧食儲備，雄雌交配後，雌性會在糞堆中產卵，確保幼蟲孵化後即能吃到食物。所謂「成功需父幹」，糞便的儲存量往往足夠後代成長發育直至化蛹，勤勞的蜣螂父親讓寶寶「贏在起跑線」上。

條點溝龜甲

Tortoise Beetle

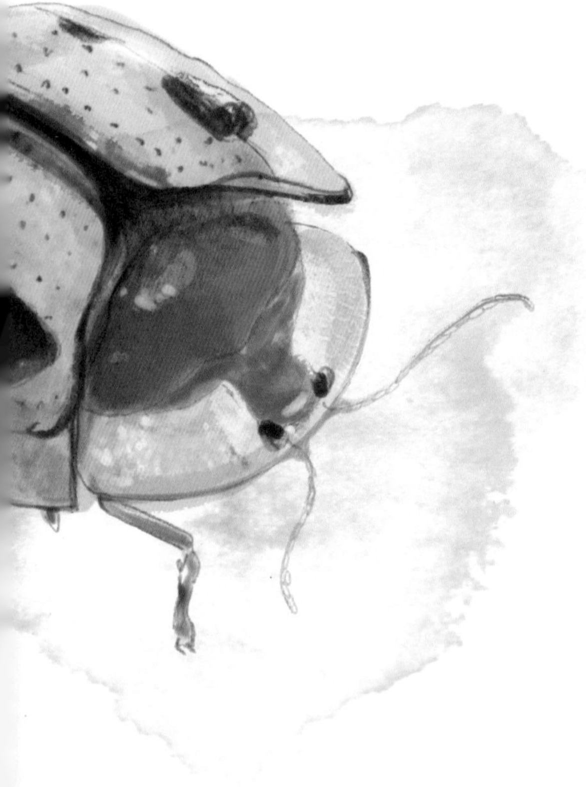

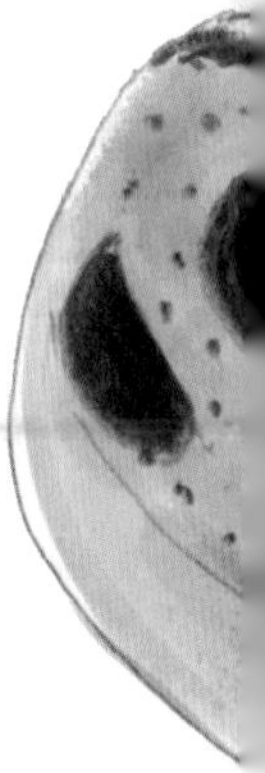

學名　*Chiridopsis bowringi*

種類　昆蟲綱　鞘翅目

科名　葉甲科 (Chrysomelidae)

香港分佈　山坡灌叢及草地

不少人會把葉甲誤認為瓢蟲，但兩者不盡相同：瓢蟲的觸角並不發達，葉甲觸角較明顯；彼此食性也有異，絕大部份瓢蟲食葷，但葉甲都是素食者。

葉甲科乃鞘翅目中最大的幾個科之一，全球已知品種大概有四萬，牠們大小及體型懸殊，有些呈長筒形（如負泥甲），有些半球形像瓢蟲（如螢葉甲和跳甲），有些身上長滿刺（如鐵甲）……其中一種我甚喜歡，個子圓圓扁扁，身體閃閃發亮，邊緣卻透明！像一隻圓形小昆蟲背負玻璃罩，又像粗糙紀錄片裡面那些不明飛行物體，這就是「龜甲」。

龜甲當中我最喜歡金光閃閃的金薯梳龜甲及色彩斑斕的條點溝龜甲，牠們是一枚枚在綠葉上風馳電掣的小寶石，可愛的樣子叫人一見傾心。不少龜甲喜愛進食番薯及五爪金龍等旋花科植物，下次經過田邊，不妨在植物上碰碰運氣。

條點溝龜甲的模式標本來自香港，於一八八五年發表為新種。體型很迷你，僅約七毫米，身體卵圓形，前胸背板前緣及翅鞘外緣皆透明，前胸紅色，中心體色黃綠，翅盤區共六個圓形黑斑，紅綠與黑的色彩配搭，艷美非常。

條點溝龜甲的學名為 ***Chiridopsis bowringi***，此命名是紀念第四任港督寶靈的長子 **John Charles Bowring**（一八二二至一八九三）。他當年是活躍的業餘博物學家，尤其喜歡植物和甲蟲，在遠東地區採集不少甲蟲標本，當中頗多是當時的新發現，後來他將大量鞘翅目標本留給大英博物館。

香港郵政局曾在二〇〇〇年發行一套四款的香港昆蟲郵票，描繪了四種香港昆蟲，包括龍眼雞、黃點大蜻、香港裳鳳蝶以及條點溝龜甲，幾種昆蟲具有地方色彩，不但讓香港市民加深對本地生態的了解，更可以將物種推展到海外，讓世界各地人士欣賞，發揮出郵票的獨特功用。

十斑盤瓢蟲

Ladybird Beetle

學名 *Lemnia bissellata*

種類 昆蟲綱　鞘翅目

科名 瓢蟲科 (Coccinellidae)

香港分佈 開闊原野

人的一生中會遇到無數美好東西，我們固然無法統統摘下，只要用心把握住其中一樣，就已足夠。《紅樓夢》裡，寶黛之間的感情受到考驗，兩人陷入迷惘，林黛玉試探對方心意而提問，賈寶玉回答：「任憑弱水三千，只取一瓢飲。」當中的「瓢」，就是古人舀水的工具，用對半剖開的瓜製成。

瓢蟲背面隆起，腹面扁平，外形正如一個小瓢而得名。小的瓢蟲體長只有約一毫米，大的體長可達十七毫米。屬於「鞘翅目」的牠們前翅特化為硬翅鞘，觸角及足部短小，有些品種體表光滑，有些則多毛。這些飛行能力不強的瓢蟲大部份品種具紅黑斑點，乃是一種警戒顏色，告訴獵食者牠可能有毒，受襲擊時或會排出令敵人難受的液體。

瓢蟲成蟲可愛迷人，顏色鮮艷，身體胖嘟嘟，算是受大眾所接受的昆蟲品種。然而，幼年的牠其實十分醜，身體呈紡錘形，體色灰黑，身上又多有刺疣。

大多數瓢蟲成蟲和幼蟲均為肉食性，捕食蚜蟲、介殼蟲、粉虱等，一生中甚至可吃掉超過一萬五千隻蚜蟲，因此往往被視為害蟲天敵，在世界各地均有人利用牠們去控制農林害蟲。然而也有小部份品種為植食性，例如茄二十八星瓢蟲，專吃茄科植物的果實和葉子。在香港，也有同為植食及肉食的瓢蟲品種，十斑盤瓢蟲即屬此例。

十斑盤瓢蟲個子小小，身長只約零點五毫米，身體呈半球形拱起，像漆上了桔紅的尖沙咀太空館。鞘翅上共有十個黑色大斑，圖案大小因應個體不同而有差異。雜食性，除捕食蚜蟲外，亦會吸食由植物腺體分泌出來的蜜露。

圓滾滾的紅色瓢蟲在翠綠的植物葉面流暢滑動，叫我想起電影中懷舊的甲蟲老爺車。甲蟲車是汽車史上一大經典，歷史可追溯至一九三〇年代，納粹德國領袖希特拉欲設計一款平民化汽車，構思出外形小巧的甲蟲車雛形，其後由德國福士汽車生產，二戰之後引入美國；由於有渾圓的背部曲線及突出的車頭燈，遠看就像瓢蟲，車廠遂將之改名為「Beetle」甲蟲車矣。

粒肩天牛

Mulberry Longhorn Beetle

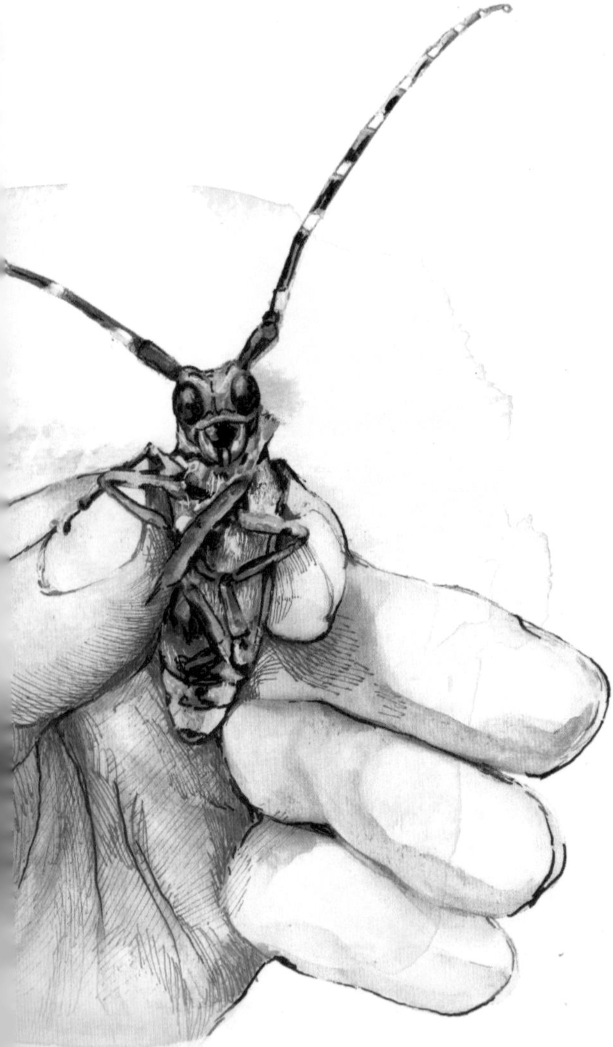

學名　*Apriona germari*

種類　昆蟲綱　鞘翅目

科名　天牛科 (Cerambycidae)

香港分佈　林地、山坡灌叢及草地

果然在無花果樹上發現了頂著長長觸角的天牛，那深淺顏色相間的彎形觸角，就像京劇裡將帥、番將盔頭上的翎子頭飾。這是粒肩天牛，又名桑天牛，最愛桑科樹。無花果（*Ficus carica*）屬於桑科榕屬植物，我笑說在這樹上面捕獲了桑天牛，簡直就像在美式快餐店捕獲漢堡神偷一樣。

天牛科身體多為長形，複眼突出發達。長觸角是天牛科一大特色，生於額突，共十一節。天牛在英語中稱「Longhorn Beetle」，意指長角的甲蟲。日行性的天牛體色艷麗多變，夜行性的則多數顏色暗淡。

全世界已知的天牛約有二萬五千種，牠們出現於地球的時間約為恐龍繁盛的侏羅紀，其時主要以枯萎的裸子植物為食物。隨著人類開展農業，昆蟲便有更多食物選擇。人類積極種植桑科，如桑樹、無花果等實用果樹之後，桑天牛便大舉侵襲。牠們利用有力的口器，輕易撕出木質纖維組織，咬爛木材，在枝幹開出一條小隧道，並在裡面產卵，幼蟲便在腐爛木頭裡面發育長大。牠們不易被觀察，惟一表徵是在樹幹上鑽出排糞孔，把多餘的木屑或糞便推到該處排出。

被天牛產卵侵佔的植物枝條呈中空狀態，慢慢地失去生命力。然而也有小部份天牛幼蟲居於土中，攝食植物的根莖組織，並不會鑽入植物之中。

李時珍《本草綱目》指：「天牛處處有之。大如蟬，黑甲光如漆，甲上有黃白點，甲下有翅能飛。目前有二黑角甚長，前向如水牛角，能動。其喙黑而扁，如鉗甚利，亦似蜈蚣喙。六足在腹，乃諸樹蠹蟲所化也。夏月有之，出則主雨。」而天牛的幼蟲在中國古時被稱為蝤蠐或桑蠹。

我手中所擒獲的粒肩天牛體型達五厘米，身上密披棕色絨毛，寄主植物甚多，包括桑、榕、枇杷等果樹。牠們擁有強而有力的口器，在找天牛的過程中必須小心不要被咬到！個子小小，力量大大，輕易就能把人咬出血了。

方帶幽蟌

Black-banded Gossamerwing

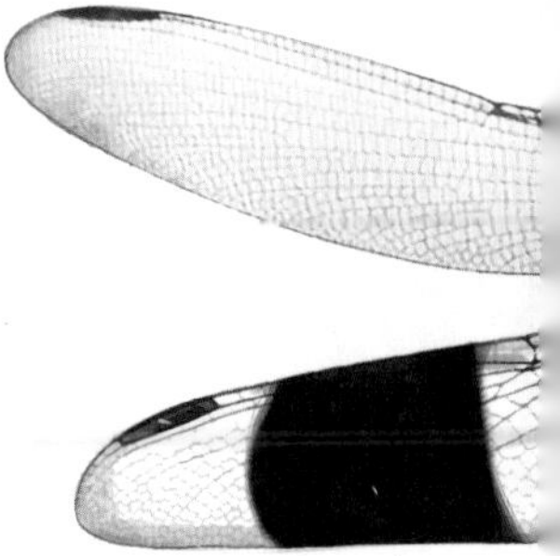

學名　*Euphaea decorata*

種類　昆蟲綱　蜻蜓目

科名　溪蟌科 (Euphaeidae)

香港分佈　淡水溪流

Baron de Selys Longchamps 在一八五四年發現了香港第一個新蜻蜓品種，正是牠——方帶幽蟌。屬溪蟌科的中型豆娘的牠大概是香港最常見的其中一種蟌。雄蟲胸腹黑色，翅淡褐色，後翅近中央位置有非常明顯的黑色寬紋，遠望像個長方形。雌蟲跟雄蟲外觀不同，胸深褐色，有多條淡黃色條紋。牠們常於林蔭下的低地溪流出沒，喜歡停棲在湍急溪流兩旁的植物之上。

蜻蜓和豆娘屬於不完全變態昆蟲，只有卵，稚蟲和成蟲三個生長形態。完成交配的過程後，大部份的雌蟲會以「蜻蜓點水」式的方法在水中產卵。卵孵化為稚蟲後，便會進入牠們生命周期中最長的一個水生階段——水蠆。

古人早知蜻蜓與水蠆之間的關係，宋代羅願在《爾雅翼》説：「水蠆化蜻蛉，蜻蛉仍交於水上，附物散卵，復為水蠆也。」

第一次近距離觀察水蠆並非在野外，而是在家裡。我將對植物的喜好延展到家中的水族箱裡，偶爾執拾石頭枯木，放在淡水魚缸中，模擬自然生境。某天我把呈深黑色的半腐枯葉投進水族箱，櫻花蝦們便開開心心飛游過來，此時卻突然在水底轉出一隻灰黑色異形，想要攻擊我的寵物們！我趕緊把牠撈出，發現那是某種蜻蜓的稚蟲，即水蠆。

水蠆與蜻蜓（和豆娘）均為肉食性，牠們從小至大都是出色的捕獵者。水蠆屬於埋伏型，如刺客沉靜地待在一角，不動聲色地伏擊路過的小魚或蝌蚪。水蠆口器的下唇就像一把鏟子，遇有獵物即向前伸出，直接鏟到嘴裡，貌甚貪婪！除了有奇異的口器，也有獨特的尾鰓。三片尾鰓葉會緩慢地透過吸水、排水來呼吸水中的溶氧。尾鰓用作氣體交換之餘，亦有一個令人意想不到的用途——當遇上緊急狀態，即變成強力引擎，於尾端噴射水柱，令身體快速向前推進以避敵。

香港纖春蜓

Hong Kong Clubtail

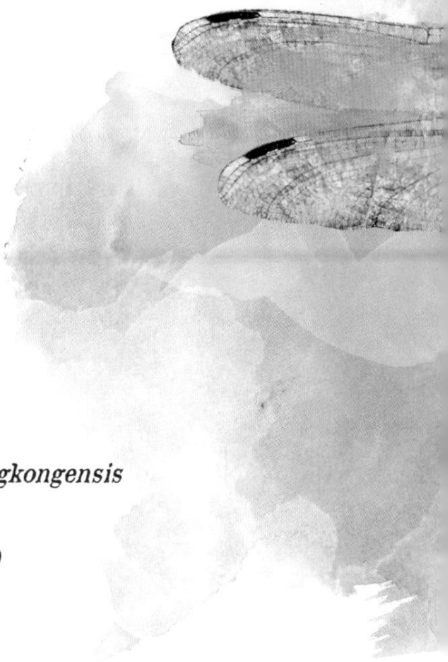

學名　*Leptogomphus hongkongensis*

種類　昆蟲綱　蜻蜓目

科名　春蜓科 (Gomphidae)

香港分佈　淡水溪流

香港的蜻蜓研究始於一八五〇年代。「蜻蜓」是個統稱，蜻蜓目下主要再分兩亞目：差翅亞目（蜻蜓）及均翅亞目（稱為「豆娘」或「螅」）。結構上，「螅」跟「蜻蜓」有所不同，「螅」身形較瘦小較窄，牠們的眼睛分隔很遠，翅膀的基部很窄，後翅和前翅的形狀很相似，休息時翅膀會緊靠在一起。

一八五〇年代至今已記錄了一百二十三種蜻蜓，當中更有兩個品種是香港特有的，分別是賽芳閩春蜓（*Fukienogomphus choifongae*）以及香港纖春蜓。香港纖春蜓是本地常見品種，總長約五十毫米，通常可於樹林中的小溪和細流中有粗沙的地帶發現。

講到蜻蜓詩詞，我們常會提到唐代「詩聖」杜甫《曲江》之二：「穿花蛺蝶深深見，點水蜻蜓款款飛。」蜻蜓和豆娘在水池邊不緩不急地款款而飛，看似優雅，卻原來是主宰空中領域的惡霸。

大部份人都不知道，蜻蜓和豆娘皆為純肉食性，視力極良好，兩隻複眼由數不清的「小眼」構成，佔據著頭的絕大部份。牠們的咀嚼式口器亦甚為有力，能直接把獵物啃食吞下，配合能夠靈活在空中變換行進方向的雙翅，使牠成為高級的狩獵達人。牠的獵物除了蚊子、蒼蠅、蛾蝶外，甚至會捕食同類！我們在水潭旁邊也常見牠們因求偶或爭地盤而大打出手，狀甚火爆。

然而兇猛獵人也有浪漫一面。蟌的交配姿勢頗特別——男上女下，雄蟲會用尾端肛附器抓緊雌蟲頸部，下方的雌蟲則向前彎身，把尾端的交接器遞向雄蟲腹部前端儲精器位置，接下牠的所有精子。雌雄交配構成心形，形神合一，相信是世上最浪漫的曲線。

蚱蟬

Large Brown Cicada

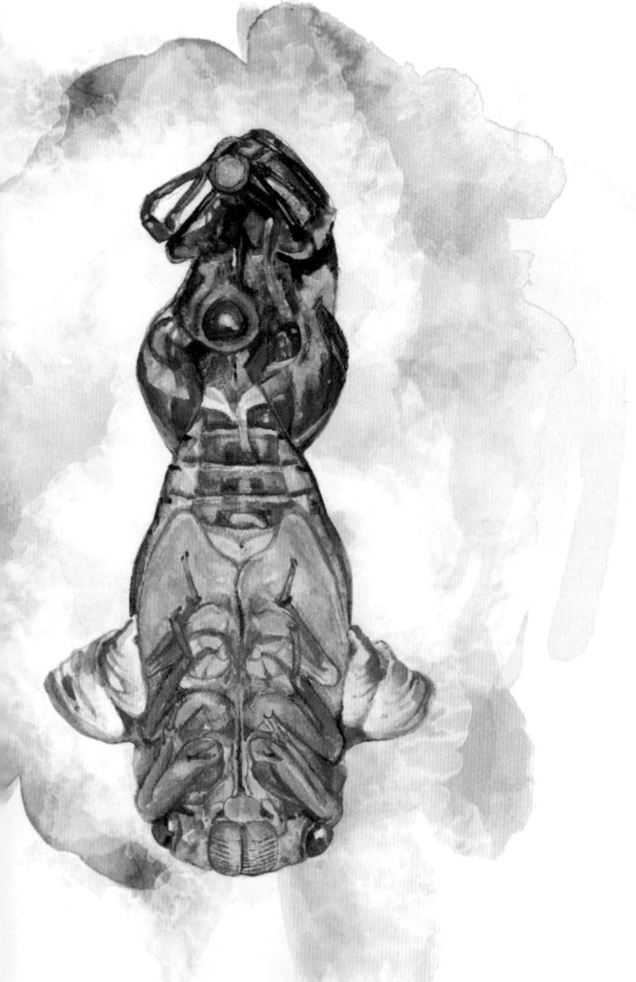

學名　*Cryptotympana* sp.

種類　昆蟲綱　半翅目

科名　蟬科 (Cicadidae)

香港分佈　林地及開闊原野

遠方有數隻村狗起鬨吠叫，那麼憤怒，那麼不友善。五月初，七時，太陽已下山，漆黑天上，圓月發出一圈模糊白光。提著手電筒的我們沿著山邊小泥路前行，卻幾乎同時停步下來：我們發現，在苧蔴（*Boehmeria nivea*）枯枝底下，一隻蚱蟬展示著牠美麗而重要的羽化。

在中國古代，蟬又叫「齊女」。晉代崔豹《古今注．問答釋義》解釋了名字的原由：「牛亨問曰：『蟬名齊女者何也？』答曰：『齊王后忿而死，尸變為蟬，登庭樹嘒唳而鳴。王悔恨。故世名蟬曰齊女也。』」傳說古時齊王后受屈而死，憤憤不平的她化身為蟬，終日在樹上向世人訴說其無盡的怨恨。

在《本草綱目》中李時珍描述：「夏月始鳴，大而色黑者，蚱蟬也……《豳詩》『五月鳴蜩』者是也。」可見蚱蟬是夏季著名的奏鳴者。

蚱蟬是不完全變態的昆蟲，一生只包括卵、若蟲及成蟲三個階段。剛孵化的若蟲從枝條間掉落地面，再鑽進泥中。若蟲在土壤中刺穿植物根部，靠吸食樹根汁液為生，在泥中的歲月可達數年之久。經歷多次蛻皮後成為終齡若蟲，最後，重要時候到了，步履蹣跚地爬出地面，攀上樹枝，羽化成有翅成蟲，結束其不見天日的地下生活。

現在，牠停留在合意的樹幹上，胸部背面縱向裂開，一個嶄新的身體由此鑽出。牠倒掛著，頭、胸及腳伸出蟬殼，肥滿的身軀，看起來像一隻剝殼的熟蝦。那對皺成一團的翅膀，慢慢展開，猶像體薄透明的工藝品。此時牠眼睛漆黑圓亮，眼前是牠不熟悉的世界——無可置疑，牠向我們坦露著生命中最脆弱敏感的一刻。

蚱蟬成蟲的壽命一般只有數個星期，因此牠將拚盡短暫生命大唱特唱，直至為燦爛的一生劃上句號。我忽然想起香港詩人梁秉鈞的〈雷聲與蟬鳴〉：「在迷濛中/某些山形堅持完整的輪廓/生長又生長的枝椏/接受不斷的塗抹/雷聲隱約再響/蟬鳴還在那裡/在最猛烈的雷霆和閃電中歌唱」在風雨飄搖的日子，在變幻難測的時代，人或動物，可也有足夠的勇氣，在天地間不違良心地吶喊？

龍眼雞

Lanternfly

學名　*Pyrops candelaria*

種類　昆蟲綱　半翅目

科名　蠟蟬科 (Fulgoridae)

香港分佈　林地、山坡灌叢及草地

我們爬了一段樓梯，參觀過沙螺灣兩棵著名大樟樹後，便返回村邊士多買汽水喝。冰凍的汽水「咕嚕」灌下去，透心涼。突然一個小小的鮮艷蟲影在我面前晃過，穩穩地降落在枯木上，紅紅綠綠的身影令人眼前一亮！嘩！那是我心中其中一種最漂亮的昆蟲——龍眼雞。

龍眼雞為蠟蟬科東方蠟蟬屬，常出沒於夏季，成蟲在五六月間求偶、交配。牠們是「不完全變態」昆蟲，從卵、若蟲長到成蟲，並沒有經歷蛹這個階段。《本草綱目》與《爾雅》之中所記載的「樗雞」，就是蠟蟬；又由於這種漂亮常見的樗雞經常出現在龍眼樹上，因此得名「龍眼雞」。

龍眼雞身上帶著極其多樣和鮮明的對比色，體色磚紅色，長三十七至四十二毫米，翅展七十至八十毫米，前翅綠色，具多個圓形的黃白色斑點，飛行時更會露出顯眼的黃色後翅。說到最具標誌性的，莫過於龍眼雞頭部具有一向上彎曲如象鼻的突出物，那是牠的「吻部」，紅色長吻上具有許多白色小斑點。對於龍眼雞而言，顏色也是一種武器，感到受威脅時，會快速彈起並展開鮮黃色的後翅，務求以突如其來的鮮艷色彩令敵人受驚，再趁機逃跑。

牠們及其後代多在同一棵樹上停留，以吸食樹液維生，愛伏在果樹，尤其是龍眼、荔枝、芒果、柚子等樹上。龍眼雞常聚集於一棵樹，要找牠們就有點像在等巴士，要麼你等了很久都等不到，要麼同時出現幾輛巴士。牠們大量吸啜同一株樹的樹汁，也許會使樹勢衰弱；但相較於荔枝椿象的危害，龍眼雞的傷害並不算大。

成蟲色彩艷麗，身紅綠斑駁，炫眼動人，備受標本收藏家的追捧；龍眼雞的若蟲體色卻居然是暗淡的棕色，恰似一根爛樹枝，簡直能以「有點醜」來形容！長大後居然能變成美麗的龍眼雞，猶如醜小鴨變天鵝的童話故事。

蚜蟲
Aphid

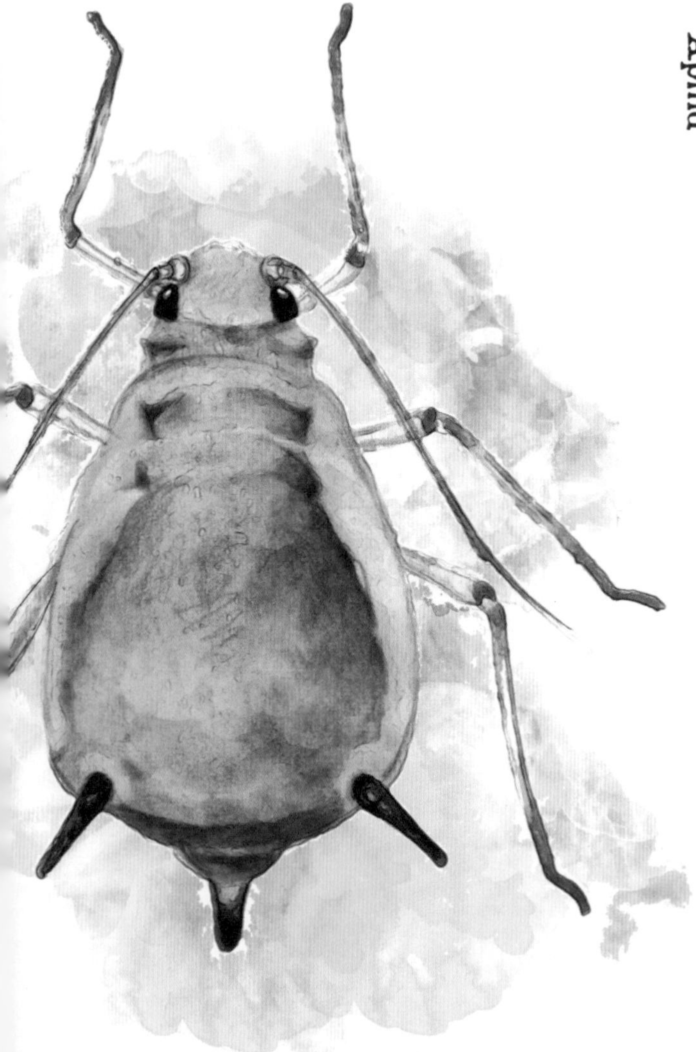

學名　/

種類　昆蟲綱　半翅目

科名　蚜科 (Aphididae)

香港分佈　林地、山坡灌叢及草地

小時候喜歡在露台養花種草，看見青翠小苗一暝長大一寸，自然心生歡喜。但驚喜有時，驚嚇也有時；特別在春夏之交，天氣回暖、濕度提高時，昆蟲大量繁衍，常常被突如其來的恐怖畫面嚇至頭皮發麻。而驚嚇場面之首，莫過於蚜蟲大爆發——在花苞、新芽、葉背等處黏滿「海量級」如芝麻的大細蚜蟲。

蚜蟲身體呈綠色（也有黑色、棕色、橙色等），圓胖細小，體長一般在三毫米以內，通過包裹在吻突中的口器來吸食植物汁液。同一種群內的蚜蟲數量往往非常龐大，除之不盡，一株小小植物竟見「多代同堂」，數千隻蚜蟲大大細細地鋪滿在葉背與嫩芽上。天氣和暖時，蚜蟲十天即能繁殖一代。受蚜蟲侵害的植物會出現生長緩慢、葉子泛黃、植株發育不良、枯萎甚至死亡等狀況，堪稱地球上最具破壞性的害蟲之一。

由於身體柔軟，沒有硬殼保護，牠是眾多獵食性昆蟲的取食對象，食蚜蠅及瓢蟲正是此類。名副其實，食「蚜」蠅主要吃蚜蟲，也會捕食飛蝨、葉蟬等小型害蟲，其幼蟲長得像蛆，胃口很大，一天可取食上百隻蚜蟲。瓢蟲是另一種能夠防治蚜蟲為害作物的好幫手；大部份的瓢蟲為肉食性，因此農人有時會利用自然界中「一物剋一物」的道理，抓瓢蟲回來放入果園，以自然方法抑制蚜蟲的數量。

人類對蚜蟲恨得牙癢癢，螞蟻卻當牠們寶貝，甚至甘於充當「保鏢」，為什麼？原來蚜蟲需要攝入極大量的植物汁液，才能獲取足夠的含氮物質用於製造蛋白質，滿足營養需求，而多餘的液體就會通過直腸，以「蜜露」形式排泄而出，蜜露富含糖分，正是螞蟻至愛，遂演化出一種奇特的互惠互利的共生關係。兩者相處融洽，螞蟻甚至通過用觸角敲打蚜蟲身體，要求「開飯」，這時蚜蟲便會識趣地排出蜜露。有奶便是娘，當瓢蟲、食蚜蠅幼蟲等蚜蟲天敵出現時，螞蟻會「挺身而出」進行驅趕，必要時甚至幫助蚜蟲「搬屋」，把牠們移到其他植物上繼續繁殖。

圓臀大黽蝽

Water Strider

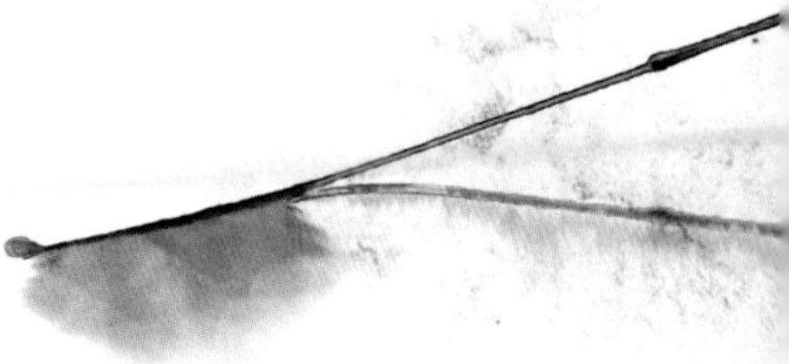

學名　*Aquarius paludum*

種類　昆蟲綱　半翅目

科名　黽蝽科 (Gerridae)

香港分佈　淡水溪流

沿著香港的溪澗上溯，我們經常遇上一些黽蝽在水面滑動，常見品種包括偽齒澗黽蝽（*Metrocoris lituratus*）、虎紋毛足澗黽蝽（*Ptilomera tigrina*）及圓臀大黽蝽等。牠們動作敏捷、外觀相似，往往難以分辨，這時我們會呼喚牠另一個平易近人的統稱：水較剪或水黽。

黽蝽在蝽象界中被稱為「兩棲蝽象」，牠們懂得「輕功水上飄」，在水面上行動時，簡直就像走在鏡子上一樣，水面只會有少許凹陷，既不會劃破水面掉進水中，也不會浸濕自己的腿，簡直是溪澗裡的凌波仙子。

黽蝽科昆蟲體型大小相差極大，由一點六至三十六毫米不等，身體與足皆狹長。水黽生活在各種水體的表面，包括靜水和急流、海邊沿岸等各種環境。李時珍於《本草綱目》引用陳藏器曰：「水黽群游水上，水涸即飛。長寸許，四腳。其實水黽並不只有四腳，正如一般昆蟲，牠們擁有三對腳：最前面的一對腿十分短，只用來捕獵，中間的一對腿最長，把身體驅動向前，最後一對腿則用來控制滑動方向。」

水黽為肉食性，以落入水中的昆蟲為主要食糧，溺水而死的昆蟲常能吸引數隻圓臀大黽蝽群聚共食。圓臀大黽蝽頭部細小，有一對短而粗的觸角；視力良好，複眼大而突出。軀幹輕盈且瘦長，腿部能感受落水昆蟲的位置，隨即以飛快速度在水面上滑行，捕捉獵物，並吸吮其體液維生。

為什麼牠們懂得輕功？拿個放大鏡去看吧，你能發現水黽腿部跗節密披極細的毛，能拒水，使牠們能藉助表面張力，在水面上滑動而不會下沉。正因為水黽這些特殊性，令牠們成為測試水污染程度的重要標誌。如果水中類似洗潔精、肥皂、洗髮精等的表面活性劑增多，水的表面張力就會減少，這時水黽便會沉入水中淹死了，從水黽落入水中與否，我們能粗略估計水域受污染的程度。

有時會在水流湍急的位置看到大群水黽，像在冰面上表演溜冰的群舞者，令我看得入迷。然而牠們的動作又過於敏捷迅速，一晃眼間已滑到另一個地方，失去蹤影了。

衣魚
Silvefish

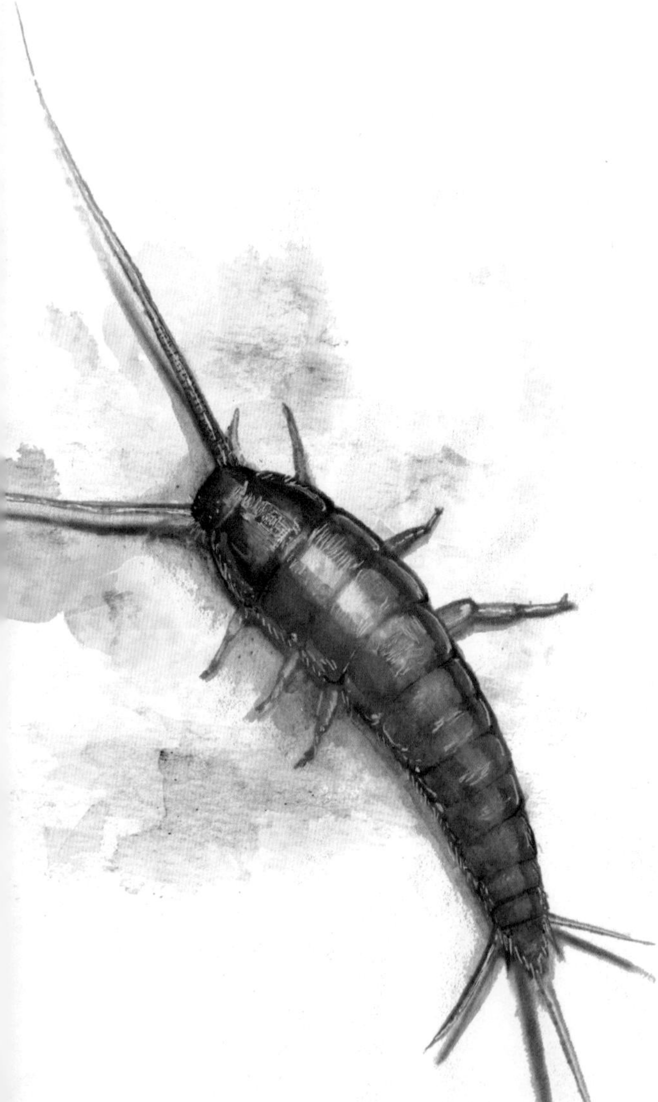

學名　/

種類　昆蟲綱　纓尾目

科名　衣魚科 (Lepismatidae)

香港分佈　室內

衣魚，多麼神秘的昆蟲，身體扁平的牠們泛著銀灰色微光，偷偷地鑽進任何狹小的裂縫，然後躲在陰暗處，啃食衣物與書本。

衣魚成蟲長約一厘米，胸部寬大，腹部細長，整體佈有具金屬光澤的鱗片，遠看像一枚扁扁的銀色藥丸。除了頭部兩根觸角外，腹部末端有三條長長的尾毛。以澱粉、紙張、纖維等為食物，生性怕亮，因此戶外不常見。牠們的繁殖方式也神秘古怪，像彼此施受禮物——並不直接交配，雌雄衣魚只以觸角互相觸碰，雙方合意後，雄性的衣魚會放下精筴，雌性則會將其吸收到自己的生殖器官之內。

我們總是習慣將昆蟲視為會飛的動物，而事實上，最早出現於地球的昆蟲並沒有翅膀。現今的昆蟲中，只有少數保留其古老祖先沒有翅膀的特性，衣魚正是其一。

衣魚漢文古名為「蠹」，在古代，人們早已對家居的蠹蟲有清晰概念，知道這是會蛀蝕器物的蟲子。陸游曾在《燈下讀書戲作》云：「吾生如蠹魚，亦復類熠耀。一生守斷簡，微火寒自照。」將自己比喻成蠹魚，一生熱愛書籍，生活簡單儉樸，以遨遊書海為樂。

清朝紀昀（紀曉嵐）是一位極富傳奇色彩的歷史人物，也曾把自己比喻為衣魚。他是著名的清代學者，官至禮部尚書、協辦大學士；文采超群，著有短篇志怪小說《閱微草堂筆記》。乾隆年間被委以重任，成為《四庫全書》的總編纂官，構建了中國古代文化最龐大的知識寶庫。

《清朝野史大觀》中有一段關於紀曉嵐的野史故事，話說有一天，紀與友人談起好詩好文通常都是寫給別人看的，為自己撰寫的卻是少之又少。古來曾有陶靖節（陶淵明）自作輓歌，傳為千古佳話，紀曉嵐於是仿效陶靖節，為自己試作輓歌，他略一思索，曰：「浮沉宦海如鷗鳥，生死書叢似蠹魚。」鷗鳥翔飛浮沉於大海，蠹蟲生死埋首於書海；紀曉嵐以鷗鳥及蠹魚，精當地概括了他一生為官為文的全貌。

蜉蝣
Mayfly

學名 /

種類 昆蟲綱 蜉蝣目

科名 蜉蝣科 (Ephemeridae)

香港分佈 淡水溪流

我善忘如金魚，早已遺忘去年找到蘭花群落的位置，需要重新尋覓。風飄飄、水流流，陽光自疏樹間的隙縫落下；一個不經意的抬頭，眼睛突然跟太陽接觸，世界瞬即向四方散開成片片細碎。我停下來，輕揉眼簾，再緩緩張開眼時，卻竟然奇蹟似地看到鶴頂蘭（*Phaius tankervilleae*）壯觀的花海。

鶴頂蘭喜光，多出現在陽光充沛又有水流的溪澗旁邊。屬大型地生蘭的它可達一米高，花白心紅，瑰麗逼人。心中讚歎時，一陣春風吹過，震動了鶴頂蘭的葉子。我注意到上面停著一隻氣質迥異的小生物，那是《本草綱目》形容為「朝生暮死」的水蟲蜉蝣。

石炭紀前的昆蟲其實並沒有翅膀，蜉蝣，是最早出現的有翅昆蟲，乃是當時地球上惟一能飛的動物。《詩經．曹風》說：「蜉蝣之羽，衣裳楚楚。」牠身體修長，體壁甚薄，常常呈現淡黃色或白色，有三角形的翅膀兩對，透明有光澤，休息時翅膀垂直豎立，腹部末端拖著兩至三條長長的絲狀尾巴，氣質脆弱，輕盈優美。

全球已知的蜉蝣約有二千五百種。蜉蝣羽化期一般為春夏之交，故外國人稱之為「**Mayfly**」（五月之蠅），德文名則叫 **Eintagsfliege**（一日蠅）。成蟲在水面上空飛動，或停伏在溪邊植物的葉子上；由於口器退化，失去咀嚼能力，不再進食，故成蟲壽命很短，僅僅數小時至兩三天，在交配及產卵後便會死去——成語「朝生暮死」便是形容蜉蝣短暫的生命。

稚蟲階段卻比成蟲漫長得多，可達數月以至一兩年。稚蟲體型細小，身軀扁長，腹部兩側長出氣管鰓，能在水中呼吸。牠們偏好生活在水質良好、水生植物群落豐富的地方，常出現於水底石塊表面，以攝食藻類或腐殖質維生。

不少文人墨客寫過蜉蝣，但還是西漢劉安《淮南子》讓我感慨：「鶴壽千歲，以極其游；蜉蝣朝生而暮死，盡其樂。」仙鶴能夠活上千年，牠可以盡情地遨遊，而蜉蝣這種小蟲子早上出生，傍晚就死掉了，但牠也懂得在這短短一天的時光盡情歡樂。蜉蝣會為生命短促而感到難過痛苦嗎？不，牠會用愛來填滿生命的每一刻，努力活出自己生命的精彩和價值。

悅鳴草螽
Grass Katydid

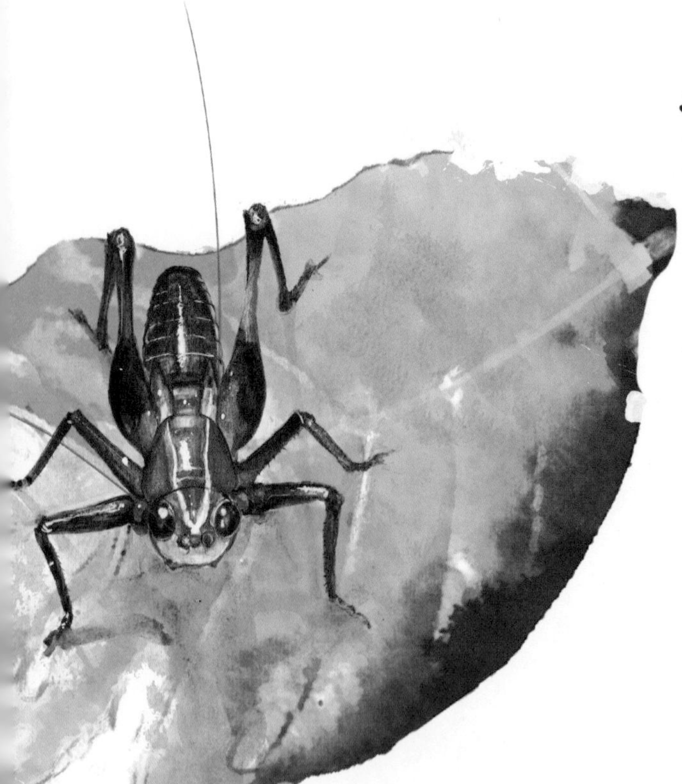

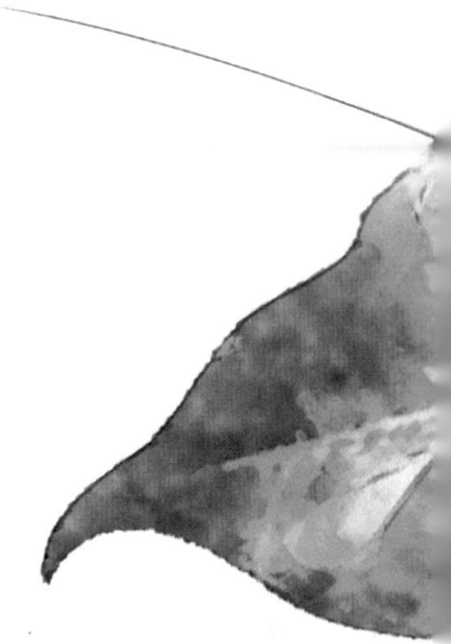

學名 *Conocephalus melas.*

種類 昆蟲綱　直翅目

科名 螽斯科 (Tettigoniidae)

香港分佈 林地、山坡灌叢及草地

事實上，直到數年後的今天，我也未能了解你當時的想法。

一般動物看見了人，絕大部份會即時轉身逃走，又或停止所有動作，動也不動佯裝死物。可是你呢？為什麼會朝著我慢慢走來，你這一隻小小的紅黑相間的悅鳴草螽若蟲，由地面走上淡竹葉，望了我幾眼，接著爬到葉尖，然後再爬到旁邊高一點的灌木葉子上。

你又停下來了，這次與我長久地四目交投。我想說你真的很可愛，圓碌碌眼睛，紅黑相間的體色，幼齡的你，小腦袋想著什麼？你有說話要跟我講嗎？

悅鳴草螽分佈於日本、中國大陸、臺灣、尼泊爾、印度、泰國、新加坡與印尼。牠們屬不完全變態昆蟲，幼年與成年體色截然不同，成年體色綠色，頭、胸背板黑色，前翅黑色，後腳發達，一跳便能彈到很遠的位置。悅鳴草螽的若蟲卻是一身鮮紅，腹部以下為黑色。這一身紅通通的小朋友，停在綠色的葉片上很容易被發現；長長的觸鬚及明亮的大眼睛，外形亮麗，造型可愛，也不怕人，非常容易接近觀察。

螽斯及蚱蜢是近親，同屬直翅目昆蟲，事實上，悅鳴草螽外觀也像蝗蟲，但憑著特別長的絲狀觸角，可將牠們區分出來。大多數螽斯是植食性的，牠們成長於樹木及草叢間，體色多呈綠或啡色，能與周圍環境配合而不被發覺。

雄性成年的悅鳴草螽擅長鳴唱，發聲器在前翅的基部，鳴聲連續而微弱。作為中國詩歌文學的起點、誕生於先秦時代的中國第一部詩歌總集《詩經》，在〈豳風·七月〉篇中曰：「五月斯螽動股，六月莎雞振羽。」可見古人早已知道斯螽（即螽斯）以兩股相切，發出聲音。

《愛麗絲夢遊仙境》中，愛麗絲問道：「永遠有多久？」白兔回答：「有時，只是一秒鐘。」你是第一隻與我四目交投、不害怕我，甚至會主動靠近的昆蟲。我會永遠記得你。

棕靜螳

Asian Jumping Mantis

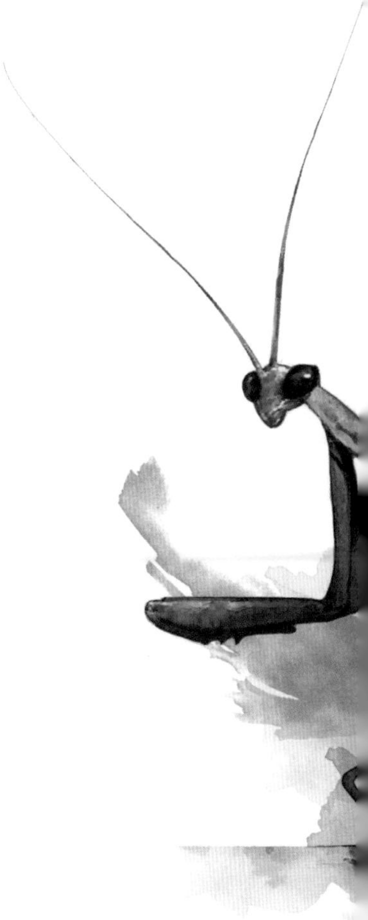

學名　*Statilia maculata*

種類　昆蟲綱　螳螂目

科名　螳科 (Mantidae)

香港分佈　林地、山坡灌叢及草地

這夜獅子山上特別熱鬧，過百人意志高昂，落力吶喊，亮著強勁的手電筒，照向山下的城。

今夜似乎跟螳螂特別有緣。黃昏，我們在獅子山山腰的涼亭休息時，碰見身體黃綠色的麗眼斑螳，牠具有視力發達的複眼，不斷嚴密地監察著我的一舉一動。現在太陽下山，天黑了，又有另一隻螳螂待在我身邊。具趨光性的牠，被整個山頭的閃亮燈光吸引而來；牠身形細小，呈淺棕色，有個美麗優雅的名字，叫「棕靜螳」。

螳螂屬螳螂目，為不完全變態類捕食性昆蟲。世界已知有一千五百餘種，主要分佈在熱帶地區，而本港則有螳螂約十五種。

《本草綱目》內三言兩語已精確地勾劃出螳螂的外表；李時珍曰：「螳螂驤首奮臂，修頸大腹，二手四足。」所謂螳臂，即為螳螂的前足。牠們是昭著的捕獵者，常隱身於大自然之中突襲獵物，遇上目標時悄悄移近，然後以帶鋸齒的前足牢牢捕抓，再將獵物分割咀嚼，慢慢吃光。

螳螂性情兇猛無情，甚至會把情人視作食物；交配進行時，飢餓的雌性個體因為對營養的殷切需求，或會把頭轉過來，咬食伏在背上的雄蟲頭部。牡丹花下死，做鬼也風流，愛你愛到食咗你，既艷情又恐怖。

交配後雌性螳螂產下卵粒時，會同時製造一些泡沫以作保護，泡沫硬化後形成卵鞘，正是「螵蛸」。《本草綱目》對螵蛸有以下的描述：「房長寸許，大如拇指，其內重重有隔房，每房有子如蛆。」春回大地，螵蛸內的蟲卵孵化，小螳螂空群而出，各自四散搵食。

自古以來，螳螂一直被視作昆蟲中的勇武派，《韓詩外傳》卷八提到有次齊莊公出獵，有螳螂舉足想搏擊車輪。於是問：「此何蟲也？」侍衛答：「此螳螂也。其為蟲、知進而不知退，不量力而輕就敵。」莊公卻感到敬佩，答：「以為人，必為天下勇士矣。」於是驅車迴避，以示敬重。

麗眼斑螳

Flower Mantis

學名　*Creobroter gemmata*

種類　昆蟲綱　螳螂目

科名　花螳科 (Hymenopodidae)

香港分佈　林地

背後是港島區的天然溪澗，眼前是一隻翠綠的麗眼斑螳。花螳科的麗眼斑螳在香港並不常見，身體呈黃綠色，體型粗短，約三十五毫米。牠擁有一雙圓錐形複眼，前翅上的眼狀花紋是辨認特點，多出現於森林邊緣，但此刻為何走到河溪旁邊？

牠大概病了，跌跌碰碰、緩慢地匍匐，好不容易爬到溪邊一塊石頭上，身體在潮濕水氣中搖搖擺擺。麗眼斑螳面對著滔滔河水，彷彿思考著什麼。我欲舉起相機拍照紀錄，牠卻突然投進水中！感到莫名其妙的我往外走出幾步，追蹤螳螂身影；發現牠落在下方一個淺水潭中，掙扎了幾下，又停下來。我腦中閃過書本中讀過的某些段落，還來不及清楚回憶內容，事情便發生了——麗眼斑螳的腹腔，鑽出了一條長長的、黑色的鐵線蟲。那蟲在水中劇烈扭動，然後隨著水流快速游走。

麗眼斑螳原本飽滿的腹部一瞬間乾癟下來，浮在水面上。我用樹枝輕戳，發覺牠已死去。

第一次讓我領略到大自然的恐怖。這種常見的、動物與動物之間的寄生關係，儘管早已在書上讀過，親眼看見時還是感到戰慄。

在鐵線蟲的例子中，成年鐵線蟲在水中產卵，水生昆蟲把卵吃掉，然後水生昆蟲又被螳螂吃掉……幼蟲以包囊形式進入螳螂，然後，在寄主肚子中長大，從零點一厘米長到二十厘米，最終佔據螳螂腹腔大部份位置。鐵線蟲在陸生昆蟲體內發育，卻必須進入水中繁殖。牠們本身缺乏在陸地上移動的能力，因此只能藉由操縱寄主的行為回到水中，完成生命循環。

科學家用奪舍（body snatcher）或殭屍（zombie）形容這些寄生蟲，暗示寄生蟲能夠控制寄主的心智。寄主的生命跡象仍然維持，但失去繁殖能力和心智的牠們，在某程度上其實早已經死了。

我想起現代詩人臧克家所寫的詩：「有的人活著，他已經死了；有的人死了，他還活著。」

香港棘竹節蟲

Hong Kong Spiny Stick Insect

學名	*Neohirasea hongkongensis*
種類	昆蟲綱　䗛目
科名	䗛科 (Phasmatidae)
香港分佈	林地

竹節蟲獨立成目（蟾目，Phasmatodea），全球約有三千種，植食性，善於擬態成樹枝或樹葉以躲過天敵。掛在樹上時，活像一枝枯枝，真假難辨，故西方人稱牠們為「會走路的樹枝」（Walking stick）。

竹節蟲頭部細小，有一雙複眼、一對絲狀而分節的觸角及咀嚼式口器。翅膀通常退化，但一些品種仍保有翅膀；前翅通常小於後翅，較大的後翅平日不用時如摺扇般收起來放在身側。牠們除了吃葉子，也是「摧花殺手」，進食植物的花朵。牠們是漸變態的昆蟲，若蟲經六至七次脱皮始變成蟲，成蟲的壽命卻很短，大約只有六個月。每次蜕皮後，會立刻把舊皮狼吞虎嚥地吃掉，一來能夠補充能量，二來能夠防止所在的位置被天敵發現，一舉兩得。

竹節蟲雄性體型纖小，雌性則較粗長。大部份竹節蟲都會進行有性生殖，如香港棘竹節蟲（本種的模式產地為香港，故以香港名）喜活動於林地低層，常見雌雄在夜間交配。但有些品種則奉行「孤雌生殖」，製造下一代時只需複製自己的基因即可，完全不假外求。竹節蟲產卵模式有三：「插入式」——把卵插入植物或泥土中；「黏貼式」——把卵黏貼在植物上；最令我訝異的是「扔棄式」——主動把卵踢開或隨意扔棄……可見獨立女強人，未必是位盡責好媽媽。

竹節蟲曾給小時候的我帶來震撼經歷。小學秋季旅行時，當我將竹節蟲放到手上撫摸，牠其中一隻後腳突然因防衛機制而脫落，嚇得我呱呱大叫。竹節蟲的腳為何會斷？原來跟壁虎斷尾的原因相近，這是牠們的求生絕招，當被攻擊時，往往會乾脆利落地丟掉足部，逃生而去。斷了的足會再生，但復原程度不一；如是若蟲，不管斷的是前足、中足或後足，一般經過數次蛻皮，即可再次生出與原生足同樣粗細長短的再生足。然而，竹節蟲成蟲要是斷腳了，因為成蟲不再蛻皮，斷足也就無法再生。

一個看似無心的舉動，卻對牠造成傷害，這一幕長駐腦海，提醒自己與大自然相處時，務必要溫柔如水。

大木林蜘蛛

Golden Web Spider

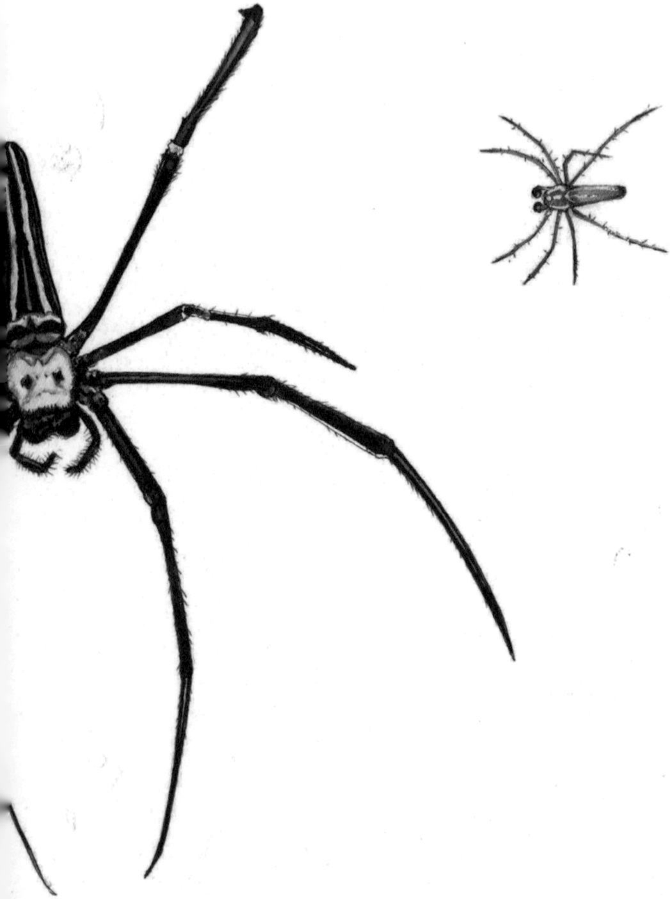

學名 *Nephila pilipes*

種類 蛛形綱　蜘蛛目

科名 絡新婦科 (Nephilidae)

香港分佈 林地

常到野外——尤其喜溯澗的朋友，夏季時不難在叢林小路稍高處遇見一米寬的大蜘蛛網，不拿根樹枝開路的話，準會「無限上網」，讓頭髮與蜘蛛絲黏結成一團。守候在羅網中央等待獵物的，多是黑黃色的大型蜘蛛——大木林蜘蛛。

大木林蜘蛛是目前在香港發現體型最大的本地蜘蛛。雄雌外觀差距極大，雌性體長三十至五十毫米，身體黑色雜有黃白斑紋；雄蛛個子細小，呈橙紅色，體長只及雌性的五分一，約七至十毫米。葉靈鳳在《香港方物誌》〈香港的蜘蛛〉一文中提到英國動物學家曾作出有趣比喻：「一隻這樣的雄蜘蛛和雌蜘蛛放在一起，就好比一個身長六尺的英國紳士娶了一位有聖約翰大教堂鐘樓那麼高的太太！」會織大網的是雌蛛；雄蛛則常伏匿於大網邊緣，竊取被困昆蟲作糧食，及等待雌蛛進食期間趨前交配的機會。有時一個大網上會有幾隻雄蛛，說得難聽一點，正是一群賴死不走、吃軟飯的男人。

不論古今中外，詩人皆喜歡吟詠自然之物，用動物意象來表達詩歌特定的精神，如清代詩人孫枝蔚（一六三一至一六九七年）寫過《詠物詩・蜘蛛》：「蜘蛛笑春蠶，吐絲但為他人利。」認為春蠶吐絲，常為他人作嫁衣裳；蜘蛛吐絲卻是自我求存的狩獵技能。美國浪漫主義詩人華特．惠特曼（Walt Whitman）的詩作 *A Noiseless Patient Spider*（一隻沉默耐性的蜘蛛）亦同樣以蜘蛛形象呈現「自主獨立」的精神：

A noiseless patient spider,

I mark'd, where, on a little promontory, it stood, isolated;

Mark'd how, to explore the vacant, vast surrounding,

It launch'd forth filament, filament, filament, out of itself;

Ever unreeling them, ever tirelessly speeding them.

牠沉默堅韌，站在天涯海角上，是一隻遺世獨立的蜘蛛，向四周虛無往外探索；牠從自己體內吐出一縷縷細絲，不斷地抽出絲來，甚至不知疲倦地越吐越快。蜘蛛腹部有紡織器（**Spinnerets**）製造絲線，在華特．惠特曼的筆下，吐絲（**Filament**）是一種與生俱來的本能。作者利用科學描述形容蜘蛛吐絲的過程，「吐絲」，正是蜘蛛用來完成自身追求、向外探索的一種有力武器。

鬼面蛛
Net Casting Spider

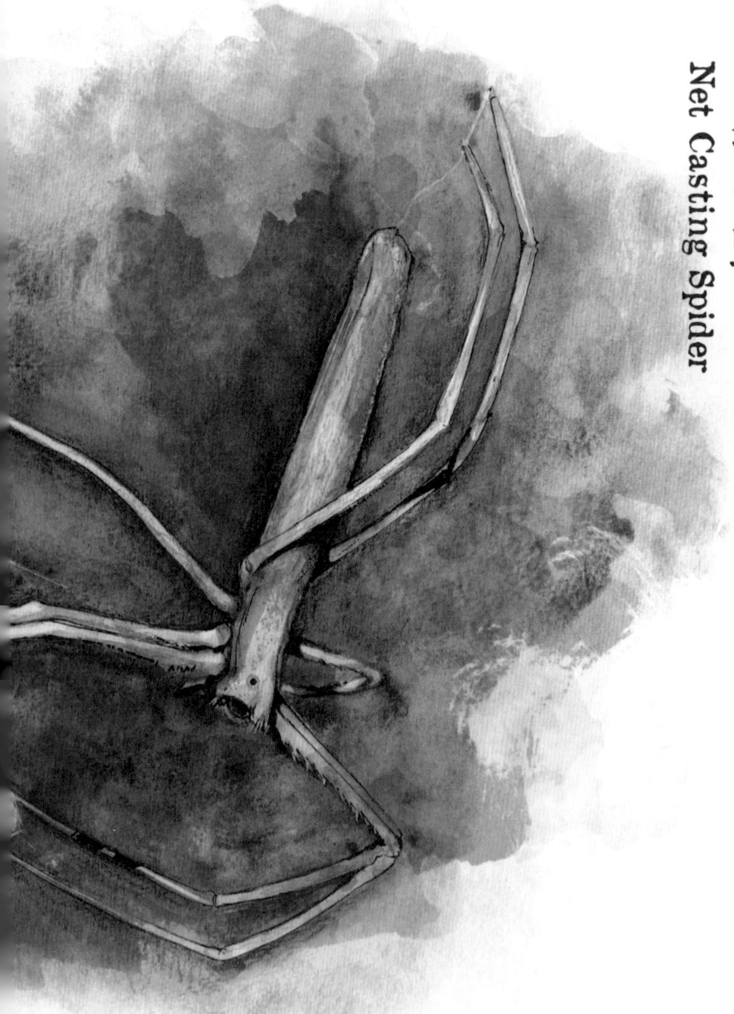

學名 *Deinopis* sp.

種類 蛛形綱 蜘蛛目

科名 鬼面蛛科 (Deinopidae)

香港分佈 林地及灌木林

不同的蜘蛛有不同的狩獵方法。大部份蜘蛛以吐絲結網、誘捕獵物為主，當獵物落入蜘蛛網中被黏住，蜘蛛便會迅速走近，以毒液攻擊致使獵物全身癱瘓。但也有些蜘蛛並不結網，如跳蛛，牠們身手靈活，能夠自由轉動頭胸部，做出抬頭、低頭等動作；常徘徊在地面、草叢、牆壁表面獵食。

而我們眼前的鬼面蛛，則介乎於「吐絲結網」與「主動捕獵」之間。

鬼面蛛日間多於矮灌叢休息，晚上會用頭兩對腳去織一個長方形、可伸縮的小網，這個網正是牠的「搵食工具」。然而，捕獵用的網看起來很小，感覺「不大勤力」。夜裡，牠便會拿著小網靜候獵物，到獵物靠近時，會神不知鬼不覺地張開兩對步足把網拉大！然後突然撒漁網似的把獵物笠住，迅速包起，再用螯牙注入毒液麻痹獵物。攝食時又會把消化液注入獵物體內，待其身體組織軟化後，再啜吸體液。

我想起粵語中「老笠」一詞，泛指人、物件在未經允許下被帶走，有搶東西、綁架、強奪的意味。鬼面蛛正是使用「老笠式」的狩獵方法，「老笠」路過牠攻擊範圍內的獵物。

鬼面蛛科擁有修長身形和很長的步足。最易辨別之處，乃擁有巨大眼睛（這亦是已知的無脊椎類中最大的單眼）。不像昆蟲擁有複眼，大部份蜘蛛擁有八隻單眼，有些用來白天視物，有些則是夜晚看東西。然而眼睛多未必代表視力良好，蜘蛛視力的好壞和牠們的捕食策略有關，造網型的蜘蛛視力通常較弱，只能看到光暗及移動中的物體；追蹤型的蜘蛛視力較為發達，可以正確判斷獵物的形態、所在的方向與距離。

大眼 **Bling Bling**、炯炯有神的鬼面蛛手上拿著白色網。這忽然讓我懷舊起來，想起小學時的玩意：花繩。那是一種繩子玩意，在雙手套上大繩圈，然後只需靈巧的手指，就可翻轉出許多的花樣，玩法簡單，大家卻是樂此不疲。

少棘蜈蚣

Centipede

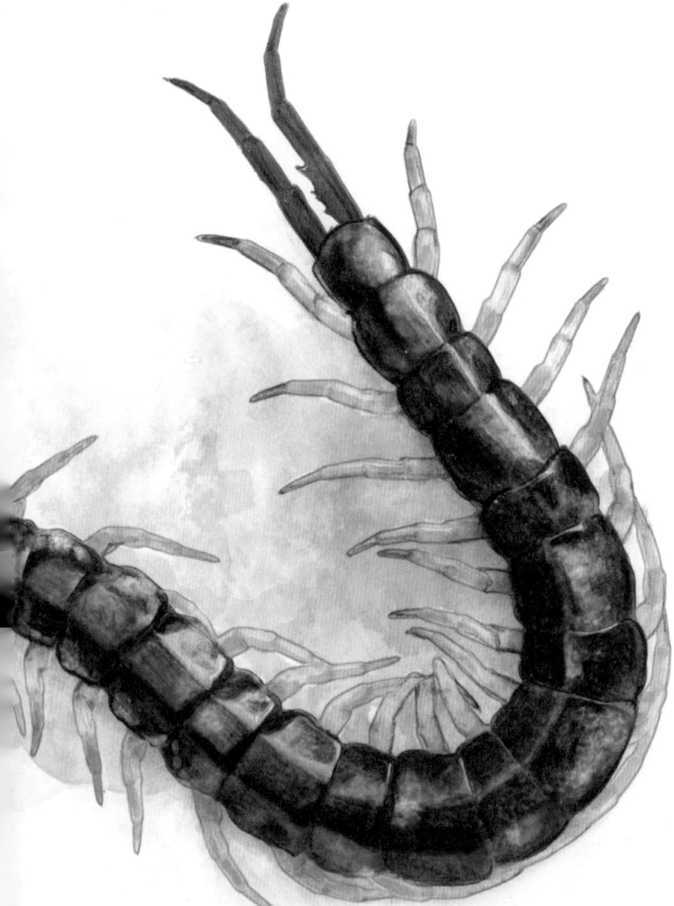

學名　*Scolopendra subspinipes mutilans*

種類　唇足綱　蜈蚣目

科名　蜈蚣科 (Scolopendridae)

香港分佈　林地

馬鞍山由兩個相連山峰——馬頭峰（又稱馬鞍頭）與牛押山組成，兩座山峰中間地勢稍為凹陷，形成馬鞍形狀。相對於一般人趨之若鶩的巍峨的馬頭峰，我更喜歡流連牛押山一帶。牛押山以西之山脈稱為「吊手岩」。乾燥傾斜的石坡，披上薄薄一層砂質的黃色土壤，是吊手岩一帶常見景觀。

春末時分，除了遇上當地著名的杜鵑花，你也許還會碰見一些野外動物，例如變色樹蜥或蜈蚣。

我正是在那裡發現原來蜈蚣會跳！當時正值潮濕霧季，我打算前往吊手岩的登山入口，雙手撥開石梯級兩旁草叢之際，一條迎面而來的大蜈蚣突然往後彈退！我也被嚇至同時向後彈，兩者居然是相同的動作反應。回想起來，像蜈蚣這樣擁有二十二對腳、外觀令人不安的生物，我竟與牠有過不尋常的「互動」，確實不可思議。

蜈蚣是節肢動物中的唇足綱動物，與昆蟲的區別在於並無頭、胸、腹三個明顯的體節，每一段體節擁有一對足。蜈蚣肉食性，多吃蚯蚓及昆蟲。牠們身體稍扁，頭部前端有一對觸角、一對大顎及兩對小顎，頭部旁側的附肢演化成一對鉗狀顎足，又稱「毒顎」，具毒腺，能噴毒；捉到獵物時，會以毒顎刺穿身體，注射毒液直至其死去。人類被蜈蚣咬傷的話，毒液會導致傷口腫脹疼痛，卻未至於致命。

蜈蚣多居於林下潮濕陰暗處，隱藏於枯木、腐葉堆之下。古人稱牠們「蝍蛆」。南北朝時期集道士、醫學家、文學家與書法家於一身的陶弘景指出蜈蚣的兇猛：「蝍蛆，蜈蚣也。性能制蛇，見大蛇便緣上啖其腦。」到明朝，李時珍把蜈蚣的外觀形容得更清楚了：「蜈蚣，西南處處有之。春出冬蟄，節節有足，雙鬚岐尾。」

明代曾有一種蜈蚣形的戰船，叫「蜈蚣船」。《明史》指：「能駕佛郎機銃，底尖面闊，兩傍楫數十，行如飛。」此種船為多槳快速戰船，因兩側船槳眾多，快速靈活又輕便，恍如蜈蚣而得名。

大蚰蜒

Long-legged Centipede

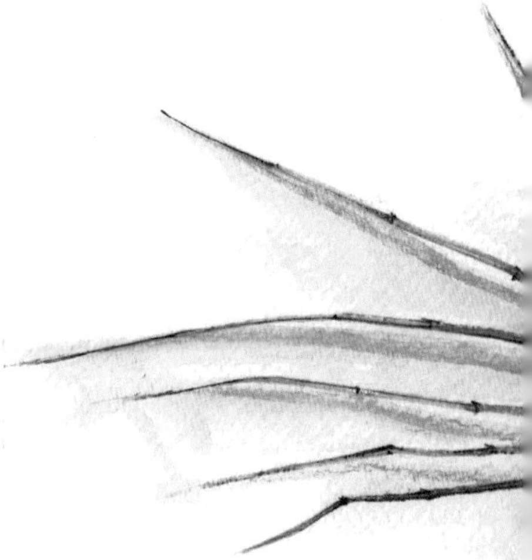

學名	*Thereuopoda clunifera*
種類	唇足綱　蚰蜒目
科名	蚰蜒科 (Scutigeridae)
香港分佈	林地

黑夜裡，我用手電筒向四方亂照，竟照出一隻令人毛骨悚然的動物……這隻多足生物一動不動，靜靜停駐在潮濕森林中斷裂樹頭的底部，身長兩吋，多腳，驟眼看去像黑色蜈蚣，然而數十隻腳竟比蜈蚣長十倍……這大概是我見過最噁心的動物了。

大蚰蜒屬節肢動物門、唇足綱、蚰蜒目、蚰蜒科下的一個種。大蚰蜒體型狹長，身體分為多節，共有十五對步足，最後一對足特別長。基節淡色透明，腿、脛節前後端上有兩至三枚棘刺；體背黑褐色至黑色、有不明顯的模糊斑紋，背中央有一列氣孔，能讓牠們的呼吸更有效率。觸角細長，亦保留了原始複眼，唇足綱第一體節的步足化成特有的顎足，而大蚰蜒的毒顎很大，捕獲獵物後，能用毒牙將毒液注入其體內，將之殺死。

蚰蜒主要棲息在潮濕樹林內，白天在腐葉或朽木中休息，夜間於地面活動。由於擁有眾多而且開展的細長步足，牠們跑得極快，衝刺時像一列高速行走的蒸氣火車，以捕捉昆蟲及蜘蛛為食。

古人認為蚰蜒生活在陰濕地方，捕食小蟲，有益農事。《本草綱目．蟲之四》，李時珍曰：「處處有之，牆屋爛草中尤多。狀如小蜈蚣，而身圓不扁，尾後禿而無歧，多足，大者長寸餘，死亦蜷屈如環。」此描述和《本草綱目》中的繪圖，正符合現今「蚰蜒」的特徵。

相較同為唇足綱的蜈蚣，蚰蜒的步足特別細長。當蚰蜒被捉住，部份步足即能從身體斷落下來，以逃避敵害。一些蚰蜒亦能夠終生存活於建築物中，以居家害蟲如衣魚、白蟻、蟑螂為食，故被認為是益蟲。然而那令人不安的外表，叫人紛紛打退堂鼓，大多數人並不願意與牠們同居一室。

蟠馬陸
Pill Millipede

學名 /

種類 倍足綱 蟠馬陸目

科名 蟠馬陸科 (Sphaerotheriidae)

香港分佈 林下的腐葉堆中

我走過山徑，兩旁是巨大堅碩的殼斗科樹，林蔭間的隙光，斜斜落在厚鋪落葉的地面。我忽然停下，目光被一粒顏色美麗的果實所吸引。那是一顆尾指頭大小的圓形果實，表面褐紅色，夾有圓形黑斑，整體微微反著光芒，細看卻是環環有節，我才忽然意識到，捧在手心的不是植物果實，卻是一隻因恐懼而蜷成球狀的蟠馬陸。

馬陸跟蜈蚣因外形相似而常被外間混淆。我曾為此大吃一驚：蜈蚣身體扁、腳又長，像隻具攻擊性的外星怪物；馬陸明明可愛多了，身體長長圓圓，受驚時只會蜷起來。

在科學分類上，兩者確有差異，有別於「唇足綱」的蜈蚣每個體節只有一對腳；馬陸屬「倍足綱」，除了前三節各有一對腳外，其餘每體節各有兩對腳，步足總數目倍增於唇足類，故名。在生態系統中，蜈蚣是典型的肉食性動物，性兇猛；馬陸則擔當分解者角色，主要以腐爛的植物及真菌為食。

馬陸多棲息於林下及潮濕耕地，常躲在具豐富腐植質的泥土中。馬陸並無類似蜈蚣的毒顎，如被觸碰會把身體捲起，以硬皮保護自己。部份馬陸則具有釋放異味的腺體，被騷擾時會排出臭味液體。而我眼前的蟠馬陸常在一瞬間把自己蜷成小球，靜止不動，甚至沿著斜坡順勢滾到別處，等危險完全過去，才施施然伸展離開。

「千足」馬陸會比「百足」蜈蚣跑得快嗎？但我得先釐清事實：馬陸沒有千足，蜈蚣也通常不足百條腿，一切都是美麗的誤會。香港常見的蜈蚣有二十二對附足，而大部份馬陸的跗足都少於一百對。個人觀察所得，腿較少的蜈蚣似乎比腿較多的馬陸跑得快，大概因為蜈蚣屬肉食性，需要速度與爆發力追趕獵物。馬陸植食性，腿多但極為短小；在斜陽西下的時分，牠的影子被拉長了，這時你就能看得清楚：前後步足依次踏步，像波浪高高低低向前推進，帶著海濤似的節奏。

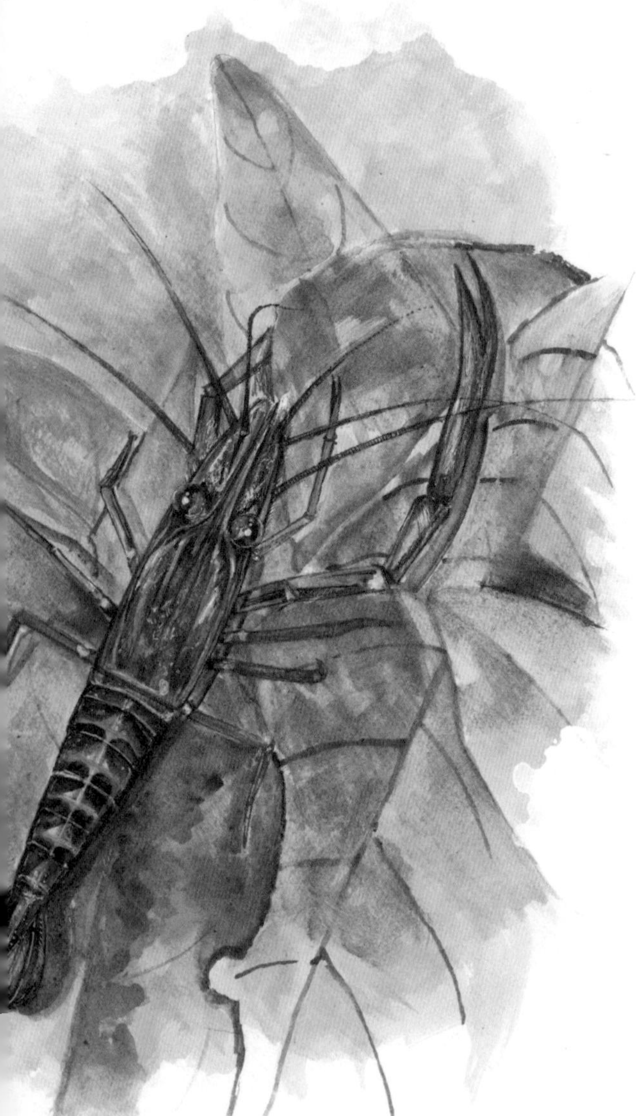

越南沼蝦
Long-armed Swamp Shrimp

學名　*Macrobrachium vietnamense*

種類　軟甲綱　十足目

科名　長臂蝦科 (Palaemonidae)

香港分佈　淡水溪流

在河川、水庫、池塘、山澗等，我們都能發現蝦子的蹤影。蝦子，由於肢體分節，在分類學中落入「節肢動物門」；身體表面的外骨骼負責保護及支撐身體，被歸為「軟甲綱」；頭胸部具有五對胸足，被納入「十足目」。香港的淡水蝦類則分為長臂蝦科跟匙指蝦科兩大類，沼蝦屬（*Macrobrachium*）則被置於長臂蝦科底下。

比起體型細小、體色常呈半透明的米蝦，沼蝦可是溪澗裡的大霸王了。牠們外殼多為深褐色，成熟個體體長經常可達八厘米，常食用水中各種水生動物的屍體。又由於比米蝦多了一雙長臂大螯，性情較兇猛也較進取，會主動捕食底棲的小魚及水生昆蟲。

沼蝦在日間活動較緩慢，主要在晚間出動，會用強而有力的雙臂鉗住魚類尾部，把獵物拖到水底的石隙中，然後慢慢享用大餐。

牠們同時具地域性，會趕走其他入侵其「領地」的生物。有時我溯澗累了，在水潭邊脫了鞋子沖沖腳，這時候通常總會有一兩隻膽大的沼蝦游過來，用長螯試探我的腳趾。

某次朋友問：「你注意到國畫裡的淡水蝦都是沼蝦，沒有米蝦嗎？」哦！也對，這是很有趣的發現，不論是北宋徐崇矩，南宋法常，元代趙孟頫，明代沈周、唐寅，還是清代朱耷、鄭板橋，他們筆下所畫的蝦子，不約而同都有兩隻長長臂鉗。

談到畫蝦，不得不提清代高其佩的《蝦圖》，畫家用手指蘸墨繪就，古拙又優雅，形神兼備，意趣橫生。高其佩年輕時學習傳統繪畫，中年以後開始用指頭作畫，不再用筆，曾說：「吾畫以吾手，甲骨掌背俱。手落尚無物，物成手卻無。」

當然也絕不放過齊白石的蝦。他巧妙地利用墨色和筆觸去表現蝦的結構和質感，筆下的蝦鬚和長臂鉗尤其靈動活潑，情趣盎然。一如徐悲鴻的馬、李可染的牛、吳作人的熊貓，齊白石的蝦是畫壇公認的一絕。

彩虹鑽石蝦
Crystal Shrimp

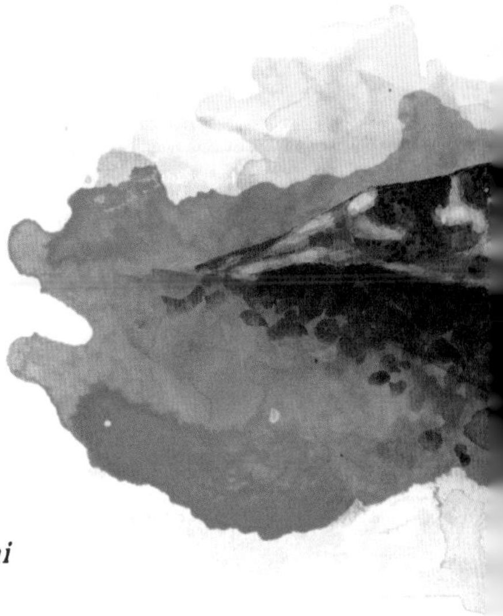

學名 *Caridina logemanni*

種類 軟甲綱 十足目

科名 匙指蝦科 (Atyidae)

香港分佈 淡水溪流

當初並沒有想過尋找過程會如此艱辛。

回程時走過高高低低連綿不斷的山脊，天色轉暗，日落西斜，我數次坐在地上，苦著臉說走不動了。下山時天已全黑，走到村口的小巴站，最後一班小巴已告開出。求助於的士台或是Uber，均沒有回音。最後他舉出順風車手勢去攔道路上的車子，居然馬上就有私家車停下來，說可以把我們送到市中心的巴士站去：「像你們錯過尾班車的行山客多的是，見慣不怪。」我們真心感謝司機夫婦。

現在回想起來，假如第一個地點的彩虹鑽石蝦沒有消失，我們便不用狼狽地撲到另一遙遠的地點了。

彩虹鑽石蝦是香港原生、匙指蝦科米蝦屬下的一個品種。匙指蝦科因為螯足的兩指向內凹陷，略呈匙狀，因而得名。蝦子由頭胸部與腹部組成，有顎足、步足及泳足。顎足能撕裂食物，步足來禦敵及行走，泳足則用來游泳移動。泳足在母蝦身上還有另一個重要的「抱卵」功能，牠們會把受精卵掛在泳足的剛毛上，直至小蝦孵化時才甩掉。

米蝦們主要為草食性，常刮食一些藻類，偶然也會食用各種水生動物的屍體。

現時香港有紀錄的米蝦約有八種，不論是雨季還是旱季，都可以找到米蝦的蹤跡。彩虹鑽石蝦卻比較少見，也較嬌貴，對環境及水質有一定要求，愛生活於清澈淡水中，尤其喜歡棲息於清溪下的石塊或落葉堆裡。

大概沒有水族愛好者未聽過鼎鼎大名的「水晶蝦」，水晶蝦原為本港的彩虹鑽石蝦，由日本人從香港捕撈引入後，經改良育種，變成市場上的紅白水晶蝦。改良後的紅白水晶蝦每隻售價由十元至百元不等，視乎等級而定。

莊子《逍遙遊》曾說「無用之用」：樗樹因為木質不佳而被視為無用之材，做船舶會沉，做棺材即腐，做門窗滲水，做屋柱惹蟲；卻因為「不成材」，「廢柴」得以保命。彩虹鑽石蝦這種黑白色相間的小型淡水蝦呢？卻因為販賣此蝦能獲一元幾塊的皮毛微利，十年間便幾乎被捕撈至盡了。

弧邊招潮蟹

Fiddler Crab

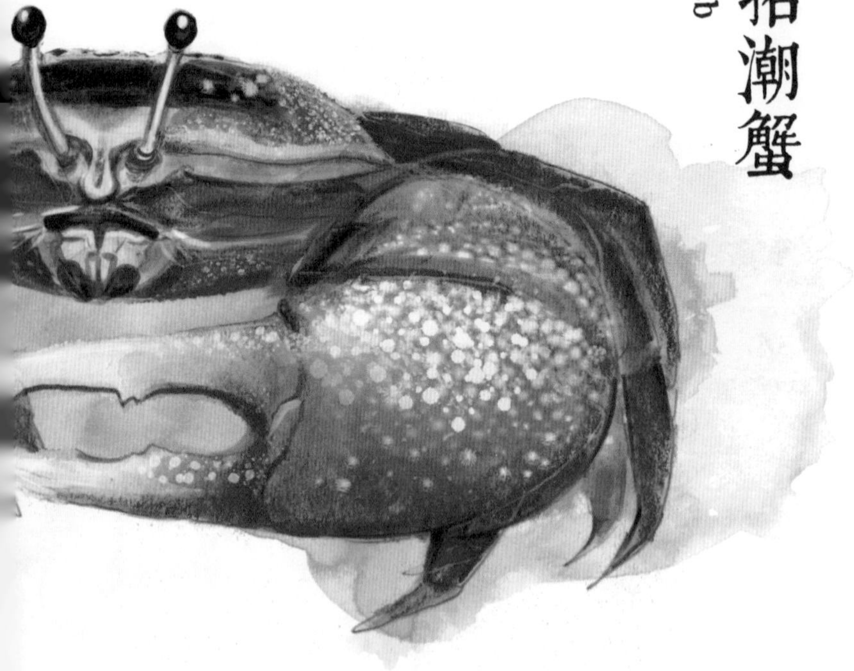

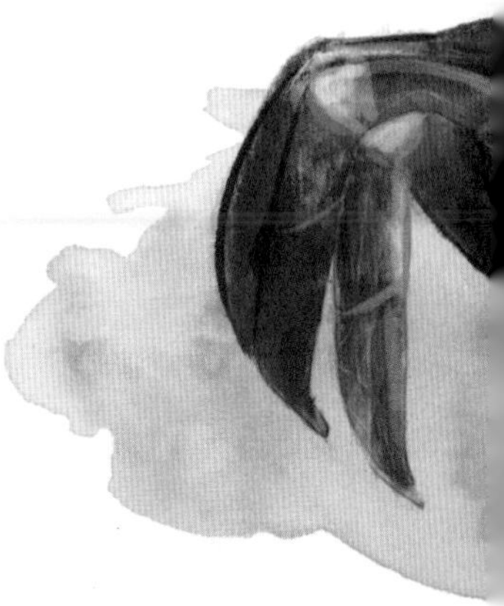

學名 *Uca arcuata*

種類 甲殼綱　十足目

科名 沙蟹科 (Ocypodidae)

香港分佈 海岸潮間帶

蟹屬於軟甲綱、十足目。牠們具堅硬的頭胸甲，保護身體內部的柔軟組織。有十隻腳，當中包括一對螯和四對步行足，最前端一雙螯可以抓東西或用作打鬥，步行足則負責步行移動。蟹是雜食性動物，主要攝食腐爛樹葉、水生植物、有機碎屑及動物屍體，亦會捕捉昆蟲。

為什麼「蟹」又叫「螃蟹」？從賈公彥疏注《周禮》時可看出端倪：「今人謂之螃蟹，以其側行者也。」原來螃蟹總是橫向移動，因而得名。後來清末民初時期，人們聯想引申，稱歐美等國橫寫的拉丁語系文字為「蟹行文」。

世界已記錄的螃蟹類超過五千種，大部份屬「海蟹」，存活在海洋，小部份則演化成能夠適應陸域環境，是為「陸蟹」。棲息在海岸潮間帶的招潮蟹則被視為「半陸生蟹類」，在香港海邊常見六種招潮蟹，包括：弧邊招潮蟹、銳齒招潮蟹、擬屠氏招潮蟹、北方凹指招潮蟹、清白招潮蟹及粗腿綠眼招潮蟹。

「招潮蟹」穴居海灘，雄蟹常舉起大螯，上下搖動，故名「招潮」，南方沿海地區種類繁多。唐代劉恂《嶺表錄異》卷下有此記載：「招潮子，亦蟛蜞（古人稱相手蟹為蟛蜞）之屬。殼帶白色。海畔多潮，潮欲來，皆出坎舉螯如望，故俗呼招潮也。」

香港海邊以弧邊招潮蟹最為常見，牠們頭胸甲寬度約三厘米，面光滑，背緣中部呈圓弧凸起，眼柄細長，像小小的火柴枝。雄蟹其中一隻螯特大，大螯外側呈紅色，兩指則呈白色。雌蟹大小和形狀與雄蟹差不多，但兩隻螯都細小。牠們棲息在較為泥濘的河口沼澤及紅樹林泥灘地，會下挖深約十五至三十五厘米的洞並住在其中，退潮時再鑽出洞口，在附近活動及覓食。

雄性招潮蟹常揮舞大螯以「招潮」動作守護領土和求偶，另一隻小螯就負責把食物送進口裡。如有其他雄蟹走近地盤，牠們便會搖動大螯作為警示，先是威嚇，繼而動武，大螯成為強而有力的搏鬥武器。雙方以大螯交接角力，強方將弱方舉起，推到一旁，通常不出幾秒已分勝負。

日本絨螯蟹
Japanese Mitten Crab

學名　*Eriocheir japonica*

種類　軟甲綱　十足目

科名　弓蟹科 (Varunidae)

香港分佈　淡水溪流、鹹淡水交界、海洋及海岸擔任梅子林村活化計劃中的壁畫藝術家後，長居城市的我終於一嚐住宿鄉郊的滋味。回想首次踏足梅子林村時，塌下、未修繕的房子居多，瓦礫間雜草叢生；事實上，在二〇一九年前，那裡甚至連水電設備都沒有，十分荒蕪。後來水電通了，勉強能夠住人。為了把壁畫工作做好，我也不細想就搬進去了。

繪畫巨型壁畫最困難的，莫過於要爬上爬落，體力消耗遠比想像中多。去年秋天天氣炎熱，氣溫每每超過攝氏三十度，烈日下工作的我，身體像關不牢的漏水水龍頭，不斷滴落汗水。

據說我繪畫壁畫的「工作照」不出數天已傳遍 WhatsApp 群組，幾乎在荔枝窩與我碰面的所有人都問同一問題：會驚嗎？的確，在首兩個夜晚的確曾感到害怕，幸而早有夜行經驗，結果到了第三晚，我已拿著電筒，亂照附近溪澗中的動物了。

梅子林的溪澗有淡水蟹兩種，日間澗邊偶見顏色鮮明的香港南海溪蟹

（*Nanhaipotamon hongkongense*），背甲渾圓，外殼橙紅色，十分奪目，偶然會好奇地在草叢探身而出。晚間在水中能找到討我歡心的日本絨螯蟹，牠們的甲殼圓滾滾的，呈灰綠色，大螯外側有一片濃密的絨毛。牠們愛吃落在水底的枯葉，一雙大螯鉗著小小的植物碎屑，慢吞吞地放進頭胸甲之下的口器中。動作悠閒卻敏感害羞，稍有風吹草動即縮躲在大石底下。

日本絨螯蟹跟俗名「大閘蟹」的中華絨螯蟹（*Eriocheir sinensis*）同屬，兩者的大螯均具毛。肥美多膏的大閘蟹，固然是現代人的秋季美食之一，但原來早在魏晉時期，已有人對螃蟹情有獨鍾了。《晉書．畢卓列傳》記載了一位愛飲酒又愛吃蟹的吏部郎畢卓，他豪放任性，曾經醉後在夜裡混入朝廷酒庫偷喝剛釀熟的酒，被發現而遭綑綁。他曾揚言平生最大願望就是「右手持酒卮，左手持蟹螯，拍浮酒池中，便足了一生。」用船載著百斛美酒，泛舟水上，然後右手酒杯、左手蟹鉗，便滿足一生……而這位吏部郎，最後因喝酒誤事而被罷官云云。

香港南海溪蟹

Hong Kong Freshwater Crab

學名	*Nanhaipotamon hongkongense*
種類	軟甲綱　十足目
科名	溪蟹科 (Potamidae)
香港分佈	林地及淡水溪流

四月二十八日，晴。我由荔枝窩梅子林出發，經古道前往分水坳，打算跨過山坳走出烏蛟騰。途中路過一個鋪滿枯葉的林底，看見一隻鮮紅色的豔美溪蟹在我面前張牙舞爪。牠獨特的色彩讓我馬上能辨認出，這是香港常見的香港南海溪蟹。但牠與別不同，是一隻大腹便便的抱子雌蟹，一邊用盡力量將牠眾多子嗣攬抱上身，一邊高舉橙色蟹螯，讓我見識生命的威武。

淡水蟹大都分佈於熱帶地區，並擴展至亞熱帶及溫帶地區。南海溪蟹屬，主要分佈於中國的東南沿海一帶，山澗小溪，或是有淡水滋養的山林野地，都能成為溪蟹的理想棲息地。香港南海溪蟹屬香港首先發現物種，相關物種資料於一九四〇年被發表。香港南海溪蟹屬淡水蟹，偏陸棲性，多見於新界以及香港島的次生林。牠們耐旱性強，平時並不長期浸在水裡，而是常常待在水邊或潮濕處於半陸生生活。雜食性，吃水生植物或落葉，也喜食魚、蝦、昆蟲，及其他動物屍體。

有的蟹種終生生活在淡水溪流，整個生活史均在淡水環境中完成，無須進入海洋，是所謂「陸封型」種類。有些蟹種在生命某些周期必須降海，被稱為「降海型」，本書另一篇所介紹的日本絨螯蟹即屬降海型；牠們大半生棲息成長於淡水溪流，卻需要降海繁殖下一代，蟹種在幼體階段需降海完成變態，讓幼體在海洋度過浮游期。

香港南海溪蟹屬於陸封型蟹，卵粒較大，雌性蟹排卵時，卵子經過儲精囊受精後被掛在腹中內，稱為「抱卵」。受精卵經過半個月左右的抱卵期後孵化，孵化出的幼蟹將由親蟹保護。由於陸封型蟹少了像降海型蟹藉著幼體浮游期擴大基因交流的機會，加上各個溪流水系間有高山阻隔，成為天然屏障；因地理條件長期隔絕的結果，不同水系間的陸封型蟹容易演化出基因上的獨特性，即科學研究上所謂的「特有種」。

跟我對峙兩分鐘的香港南海溪蟹，依然保持氣勢，面對身形遠比牠龐大的我，卻是動也未動，分毫不讓；為母則強，蟹都比我強悍，自當讓路予大肚婆先行矣。

魚類
老虎石頂

香港鬥魚
Hong Kong Paradise Fish

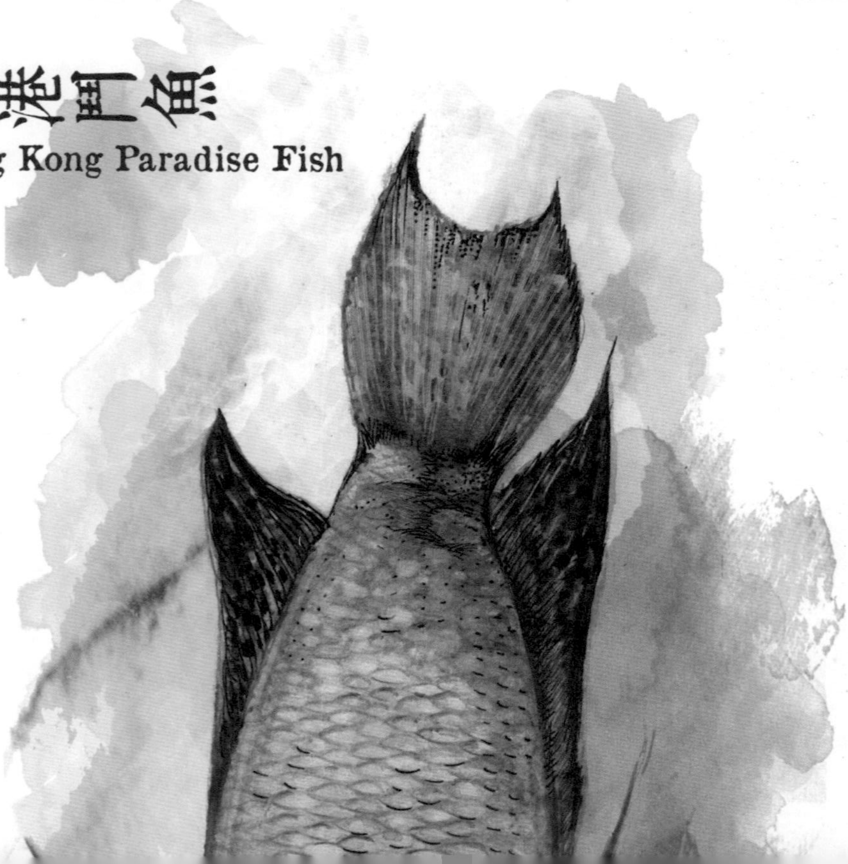

學名 *Macropodus hongkongensis*

種類 輻鰭魚綱　鱸形目

科名 絲足鱸科 (Osphronemidae)

香港分佈 淡水溪流

保育狀況 Fellowes et al. (2002) 全球性關注

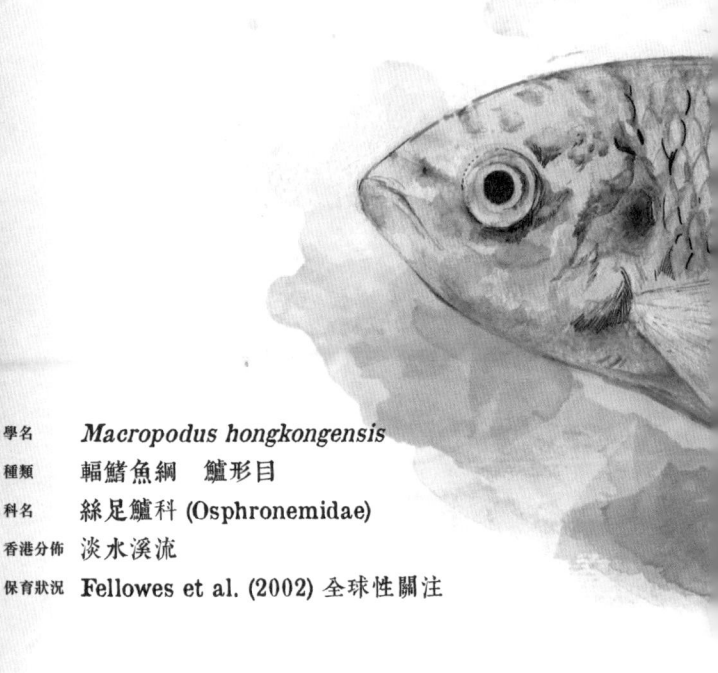

大學時對飼養鬥魚極有興趣。朋友反應往往是：「好殘忍啊」，覺得養鬥魚像鬥蟋蟀，是你死我亡的玩意。我每次都要費唇舌解釋：原產熱帶的泰國鬥魚是華麗的觀賞魚，我所飼養的 **Show Betta**（展示級鬥魚）純粹以觀賞為目的。

有別於大部份魚類，展示鬥魚擁有「迷鰓」，那是位於鰓部上方，由鰓葉特化而成的器官，幫助牠們呼吸水體以外的空氣，因此飼養鬥魚無須用氣泵打氣。

在香港，養鬥魚頗算是小眾玩意，因此賣魚的多為樓上舖。紫紫白白的燈光映照灰色舊牆，一個個發光招牌在眼邊流過。走上暗樓，拐彎，進店，是一行行、一列列的幾百個方形玻璃小魚缸，缸與缸中間往往隔著一張六合彩咭。雄性鬥魚有很強的爭鬥性，當你把咭紙抽走，同類隔著玻璃相見，雙方馬上鰓蓋張開，魚鰭豎起，一副劍拔弩張之態。然而這種兇悍只見乎同類之間，牠們與異種魚兒往往能和平共處。

香港野外也有兩種野生鬥魚，外觀當然比市售的展示鬥魚樸素得多，分別為叉尾鬥魚（*Macropodus opercularis*）及香港鬥魚。香港鬥魚是首次以香港命名的淡水魚，僅出沒於香港和廣東東南部。在上世紀九十年代被誤認為黑歧尾鬥魚（*M. concolor*），及後於二〇〇二年德國魚類學者 **Jörg Freyhof** 及 **Fabian Heder** 才確認香港鬥魚為科學上的新品種。

香港鬥魚身長約六十毫米，體型扁窄，呈紡錘形，體色灰黃色，有很多灰黑色斑點。牠們的背鰭及臀鰭基部較短，向後逐漸延長。最大特色是分叉的尾鰭。雄性體型普遍比雌性大，且擁有較大及延展的背鰭、臀鰭和尾鰭鰭條，每逢繁殖季節邊緣泛起美麗的藍白色。牠們主要棲息於沼澤和水流緩慢的溪流，性情機警，常捕食浮游生物及昆蟲幼蟲。某次夜行我們更幸運地見到其有趣的育兒方式。話說香港鬥魚雄魚對同性兇猛，育兒行為卻顯出魚類中罕見的「父愛」。雄魚會在浮葉底部吐出小泡沫，造出「泡巢」，雌雄交配後，雄魚會把魚卵掛到泡沫中，然後守在泡巢下，直至小魚孵化後，仍會持續不休地留守泡巢下「護仔」。就算面對人類的觀察，依舊沒有被嚇怕，盡責不退縮，勇敢瞪視我們。

溪吻鰕虎魚
White-cheeked Goby

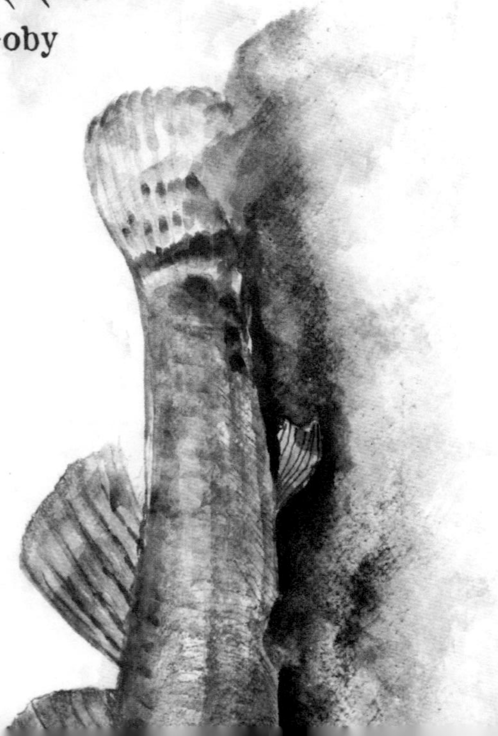

學名 *Rhinogobius duospilus*

種類 輻鰭魚綱 鱸形目

科名 鰕虎魚科 (Gobiidae)

香港分佈 淡水溪流

水是地球上最常見的物質之一。當潮濕的氣團遇到山勢阻擋，便會被迫沿山坡上升；氣團上升時會降溫，降至露點溫度時，便會變成雲，然後下雨。大氣以雨及霧的姿態，降水於陸地，水沿著地表往低谷方向下流，匯集成河，入海，最終蒸發而回歸大氣，成就一個完整的水循環。

香港的山溪數目甚多，源頭都在極高的山地和峰頂，開始於一個若即若離、似有還無的開端，其後匯聚成溪，沿途伴有瀑布和水潭。高地山溪的淡水魚品種不算多，而溪吻鰕虎魚是常見而且數目眾多的一種。

鰕虎魚是魚類世界中最大的家族之一，全球已知有約二千種，香港有紀錄的鰕虎魚有八十種以上。溪吻鰕虎魚是本港最常見的淡水鰕虎魚，廣泛分佈於溪流上游及中游。身體幼長，約四厘米，軀幹青灰色，帶有橙斑。有兩片背鰭，腹鰭吸盤狀。鰓蓋骨緣及下頜有數條不規則的鮮艷紅線，另有奶白色間紋。雌魚體色以素淡為主，雄性顏色較鮮艷，體型也較雌魚稍大，背鰭及尾鰭具紅黃兩色，第一背鰭鰭條上緣有一道搶眼的淺藍色，求偶時會高高揚起，展示耀眼的彩斑。

明代學者黃省曾擅長農業與畜牧，著有《稻品》、《蠶經》、《養魚經》及《藝菊書》，合稱為《農圃四書》。其中《養魚經》曾這樣描述鰕虎魚：「類土附而腮紅若虎，善食蝦，俗謂之新婦魚。」指鰕虎魚有點像土附魚（塘鱧），但腮紅若虎，擅長食蝦。

溪吻鰕虎魚是小型底棲魚類，常伏於水底的沙面或石塊表面，較少游動。肉食性，攝食蝦及水生昆蟲，有時甚至會獵食小魚。雄性有霸佔領域的習性。

博物學家達爾文提出的演化論，於一八五九年發表《物種原始》一書，指出生物是以持續且極緩慢的速度進行著「演化」。他主張「物競天擇，適者生存」理論，認為物種之間存著競爭關係，在天擇的作用影響之下，生物特徵會產生變異，並隨著基因在族群中傳遞，使牠們更加適應所處的環境。溪吻鰕虎魚為了適應湍急的水流，演化出吸盤狀的腹鰭，以防止被急流沖走，正是一例。

側條光唇魚
Acrossocheilus parallens

學名 *Acrossocheilus parallens*

種類 輻鰭魚綱　鯉形目

科名 鯉科 (Cyprinidae)

香港分佈 淡水溪流

保育狀況 Fellowes et al. (2002) 全球性關注

鯉科是鯉形目下種類最多的一個科，中國共有約一百三十二屬五百三十二種，其中包括鯉魚、鯽魚等常見魚類。此科魚的特徵是有魚鬚、有咽齒及沒有脂鰭（一個柔軟的肉質鰭，位於背鰭之後，尾鰭之前）。從前也養過鯉科魚兒，跟靜態的鬥魚和神仙魚相比，鯉科魚總是精力充沛，不斷在魚缸中來回游動。

記得我與吳美筠去看鯉科的側條光唇魚，地點位於某條經優化設計的人工渠道，大大小小的石頭經過適當配置，把原本筆直急速的渠道分隔出數個深深淺淺的水窪。我帶備可潛水的防水相機，提起褲腳、脫下鞋子，走進淺水中。儘管早已有「拍攝艱難」的心理準備，但性情敏感的魚兒，受驚時還是逃得飛快；放到水中的防水相機不斷亮起拍攝閃燈，卻還是失敗連連，只能把牠們拍成一道道長線似的模糊形狀。

在香港可以找到的光唇魚有兩種，分別是側條光唇魚和北江光唇魚（*Acrossocheilus beijiangensis*）。側條光唇魚俗名「石花魚」，是鯉科小型魚類，具群居性。牠們口部長有兩對觸鬚，身體修長，可達十三厘米，特徵是軀幹上有一條深橫帶，和六至七條由背部延至體側下部的黑色直條紋。北江光唇魚口部突出，眼眶沒有紅色，全身黃色，尾鰭深叉形，軀幹上直條紋較側條光唇魚少，只有五條粗黑橫帶。側條光唇魚在港島水塘集水區、屯門和大埔都有紀錄，由於牠們的分佈地點很少，被漁農自然護理署定為少有品種，並受到保育關注；至於北江光唇魚則是中國的特有種，分佈於珠江的北江及西江流域，在香港則分佈於大嶼山溪流、香港島水塘等的沙石底質淺水環境。

兩種光唇魚我都看過，牠們習性相似，均棲息於石礫底質的溪流，喜歡躲藏，對人類很有戒心，稍為接近即躲藏在石隙中。雜食性，進食水中小型生物、藻類及其他有機碎屑。

也許不停游動就是鯉科魚的特性；後來過了不知多久（連陽光的角度也改變些許），大概牠們開始習慣我們的存在，終於有幾尾放慢了游泳速度，讓我們拍到牠們淡白腹部上那七條黑色粗直條紋……

大彈塗魚
Bluespotted Mudskipper

學名 *Boleophthalmus pectinirostris*

種類 輻鰭魚綱　蝦虎魚目

科名 背眼鰕虎魚科 (Oxudercidae)

香港分佈 淡水溪流

香港位處中國南部沿岸，彎曲的海岸線構成大小海灣，造就多種潮間帶的環境，如紅樹林、石灘、沙坪、泥灘等。

紅樹林坐落於潮間帶河口位置。紅樹可分為「真紅樹」和「類紅樹」。香港有八種真紅樹，包括水筆仔、木欖、桐花樹、海欖雌、銀葉樹、欖李和鹵蕨（還有爭議品種老鼠簕），生長在潮間帶，潮漲時會被海水覆蓋，常有特殊的結構適應鹽分極高、地基不穩、缺氧等惡劣環境。「類紅樹」如黃槿、恆春黃槿等則生長在紅樹林的後緣，未必有特殊結構，卻也比一般植物強韌，能適應高鹽分的環境。

紅樹林是香港其中一個最重要的生態系統。紅樹的落葉提供豐富的食物予魚、蝦、貝類等生物，同時亦形成屏障，提供棲息場所。

紅樹下，我們最易找到小螺、招潮蟹及彈塗魚。香港有四種彈塗魚：大彈塗魚、青彈塗魚（*Scartelaos histophorus*）、廣東彈塗魚（*Periophthalmus modestus*）及大鰭彈塗魚（*P. magnuspinnatus*）。其中又以大彈塗魚最為常見。以攝食藻類、有機碎屑及無脊椎動物為主，大彈塗魚擁有大眼睛、脹鼓鼓的腮和有力的尾部，一雙健壯胸鰭令牠們可在濕地泥面上滑行。雄性體型較大，經常為保衛地盤跟入侵者決鬥。繁殖季節，雄性常常把灰黑色的修長身體升起，並展開引以為傲的華麗背鰭吸引雌性，也會跳複雜的求偶舞。當牠們自泥面躍彈至半空，身上及鰭上金屬綠色的斑點，總是暗暗地泛著原始而未經打磨似的寶石微光。

濕地於我而言，比高山森林生境簡約直接，甚至可能是空間上的留白。我想起台灣作家楊美紅所寫的《彈塗時光》，當中內容介紹的一句話：「濕地的存在，讓城市有了秘境，也讓人驅車簡從就能走入梭羅式的自然哲思世界。」

蘇眉
Humphead Wrasse

學名 *Cheilinus undulatus*

種類 輻鰭魚綱　隆頭魚目

科名 隆頭魚科 (Labridae)

香港分佈 海洋

保育狀況 瀕危 (EN)
受《瀕危野生動植物種國際貿易公約》保護

不懂游泳的我無法親身下水欣賞浩瀚的海洋世界，只好偶爾到水族館看看那些深海神秘的大魚。在玻璃隧道下行走，仰望巨大的魚兒和鯊在頭頂「飛」過，當中某種大魚由始至終抓住我的目光，這就是蘇眉。

蘇眉又稱曲紋唇魚，可長至兩米，身被大形圓鱗，尾鰭也是圓圓的；前半身藍綠色，後半身黃綠色，上面深色波浪紋極為迷人，就像把水底暗流刻劃在身體上。

這藍綠色的怪魚深深吸引著我。前額像磕腫似地突出，頭大得不合乎比例，唇非常厚，永遠覺得牠「佬味」甚濃。莫笑牠像男人，後來才知道牠真的會變性！

蘇眉出生時大多是雌性，會組成群體生活，約六年後踏入性成熟期，作為領袖的雄性蘇眉會跟自己領域內的雌性蘇眉交配。然而一旦這位雄性領袖死去，群內體型較大的雌性會逐漸變成雄性，擔當雄性領袖這個重要的角色。知否世事常變？變幻原是永恆，蘇眉一生中或會由雌魚變成雄魚，由揚眉女子進化成鐵鐵實實硬邦邦的真漢子。

蘇眉在珊瑚礁生態環境裡擔當著一個非常重要的平衡角色。牠除了吃小魚、甲殼類動物及軟體動物外，也喜歡吃「珊瑚殺手」棘冠海星（*Acanthaster planci*）。棘冠海星是肉食動物，生活在淺海等有珊瑚礁的水域，主要食物是珊瑚，幾天之內便能將珊瑚礁吃得面目全非。沒有了天敵蘇眉，這種海星便會迅速繁殖，可在短時間內破壞珊瑚礁的生態平衡。

蘇眉是世界著名的瀕危礁棲魚類。其外形獨特、體型巨大，常在海洋館或大型展示魚缸中作為觀賞魚；味道亦鮮美，從前常被當作名貴食用魚。由於過度捕撈而瀕臨絕種，被列入《瀕危野生動植物種國際貿易公約》（CITES）附錄二和國際自然保護聯盟（IUCN）瀕危動物紅皮書，此後所有野生蘇眉必須首先從原產國取得出口許可證，再向入口國報關，方能進行貿易。

但願瀕危蘇眉能夠從中得到休養生息的機會。

鞍帶石斑魚（花尾龍躉）

Giant Grouper

學名	*Epinephelus lanceolatus*
種類	輻鰭魚綱　鱸形目
科名	鮨科 (Serranidae)
香港分佈	海洋
保育狀況	易危 (VU)

鯉魚門古稱「鹽江口」，是香港維多利亞港東面入口海峽，分隔香港島筲箕灣和九龍東部油塘，大概因為海峽像魚口而叫鯉魚門。明朝郭棐所著的廣東地方志《粵大記》內繪有香港地圖，亦記載了鯉魚門海峽。

香港上世紀五六十年代作家舒巷城的作品〈鯉魚門的霧〉，描寫一個在筲箕灣長大、離鄉十五載的水上人重返故里的感受；小時候看著父親出海捕魚，並消失在鯉魚門的霧中，回到故里的時候又重遇大霧。霧茫茫，令人迷失方向，它的無常像人生，帶來迷惘而失落。

〈鯉魚門的霧〉勾勒出香港上世紀五十年代的漁家風情，然而八十後的我卻從未見識鯉魚門樸實一面，只知那是一個五光十色的飲食場地，四周都七彩繽紛，燈火通明，店舖前的玻璃缸裡游著種種我從未見過的彩色大魚、大蟹和大蝦。

當年只有六七歲的我跟著爸爸走在街道，目光不知該放向左還是右。在陸地的我們被深海魚包圍著，從沒想過活在黑暗海洋中的魚，色彩竟會如斯斑斕。幼年的我對兩種魚留下深刻印象：異色的蘇眉和嘴巴超大的龍躉。

龍躉魚呈橢圓形，非常粗壯，是石斑魚類中體型最大者，個體可達二百五十厘米，最重四百公斤。幼魚黃色，身體上有數塊不規則的黑色斑紋。隨著成長，黑色斑紋擴展到全身，黑斑內會出現白或黃色小斑點，像黑暗中的星。常棲息於沿岸礁區，亦會出現於河口，藏身於洞穴或岩縫間。

香港境內鮮見鞍帶石斑魚（花尾龍躉），通常在附近水域捕獲。體型較小的花尾龍躉被視為上等佳餚，魚皮堅韌可口，魚腸用作火鍋料，肉可以新鮮炒球，魚骨部份則可煲湯。牠們通常在未成熟時就於酒家和市場中出售，雖然現在不少龍躉均來自養殖場，但仍有部份從野外捕捉。大量的捕魚活動曾令牠們在某些水域幾乎絕跡了。

記得父親告訴我：「花尾龍躉是體型最大的石斑魚！可一口吞掉其他魚蝦蟹。」年幼的我不禁想，假如我掉進深海，這些長得比我大的龍躉也會把我吃掉嗎？

哺乳類 軟體動物 環節動物

塱原

中華白海豚

Chinese White Dolphin

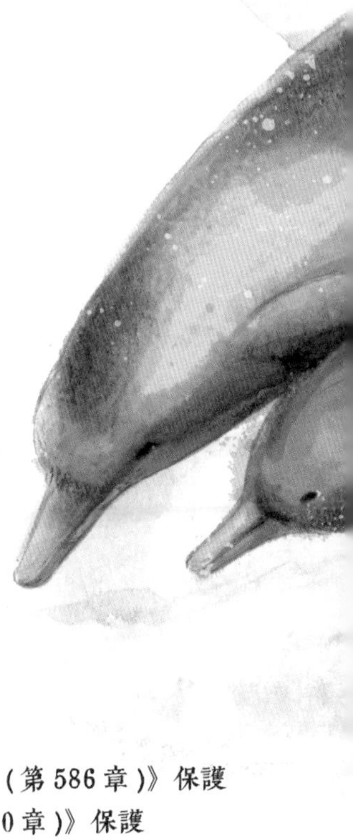

學名 *Sousa chinensis*

種類 哺乳綱　鯨目

科名 海豚科 (Delphinidae)

香港分佈 海洋

保育狀況 受《保護瀕危動植物物種條例(第586章)》保護
受《野生動物保護條例(第170章)》保護
國際自然保護聯盟瀕危物種 (IUCN紅色名錄：近危)

多年前由大澳乘小艇出海，在陽光普照的藍色晴空下，看見三四條中華白海豚在水面破浪暢玩；碧色海水配上中華白海豚身上的淡粉紅色，美麗諧和的畫面令人感到置身於童話般的夢幻。

漢語「海豚」中「豚」、「豕」皆指「豬」，因此「海豚」有「海中豬」之意，李時珍《本草綱目》中已把海豚形容得極為生動傳神：「海豚生海中，候風潮出沒。形如豚。鼻在腦上作聲，噴水直上。百數為群……其狀大如數百斤豬……有兩乳，有雌雄，類人。」說出其群居、噴水、哺乳等特性。

其實比《本草綱目》早得多，牠們的身影早在《山海經．北山經》已悄然出現：「又北二百里，曰北嶽之山，多枳棘剛木……諸懷之水出焉，而西流注於囂水。其中多鮨魚，魚身而犬首，其音如嬰兒。」這種狗頭魚身，會發出嬰兒尖音的鮨魚，在晉代郭璞眼中，是「海狶」，而根據《漢語大字典》，「海狶」即海豚之古名。

有關海豚與人類歡慶喜悅的情感表現，歷史上最早體現於愛琴海克里特島的米諾斯文明（**Minoan Civilization**）。在公元前十六世紀的「船隊壁畫」（**The Ship Procession**）中，飛躍海豚與海洋民族米諾斯人的船隻並駕齊驅；畫面充滿生命力之餘，同時表現出人與自然動物的和諧絕美。

我眼前的中華白海豚多出沒於鹹淡水交界，於香港水域定居，經常在北大嶼山、沙洲及龍鼓洲海岸公園、赤鱲角以及大澳一帶水域出沒。一六三七年探險家 **Peter Mundy** 在珠江口首次記錄牠們的蹤影。這種哺乳類動物性格友善、聰明，年幼時呈灰色或有灰斑點，成熟時則為粉紅色；外表可愛具標誌性，乃香港之吉祥物也。

然而白海豚棲息的機場一帶航道交通繁忙，加上海上填海工程不斷，水質污染，多年來威脅著海豚的存亡。各項工程發展也許已令該水域不再適合白海豚生存，但願牠們懂危知險，儘快搬離危險之地吧。

馬氏珠母貝

Pearl Oyster

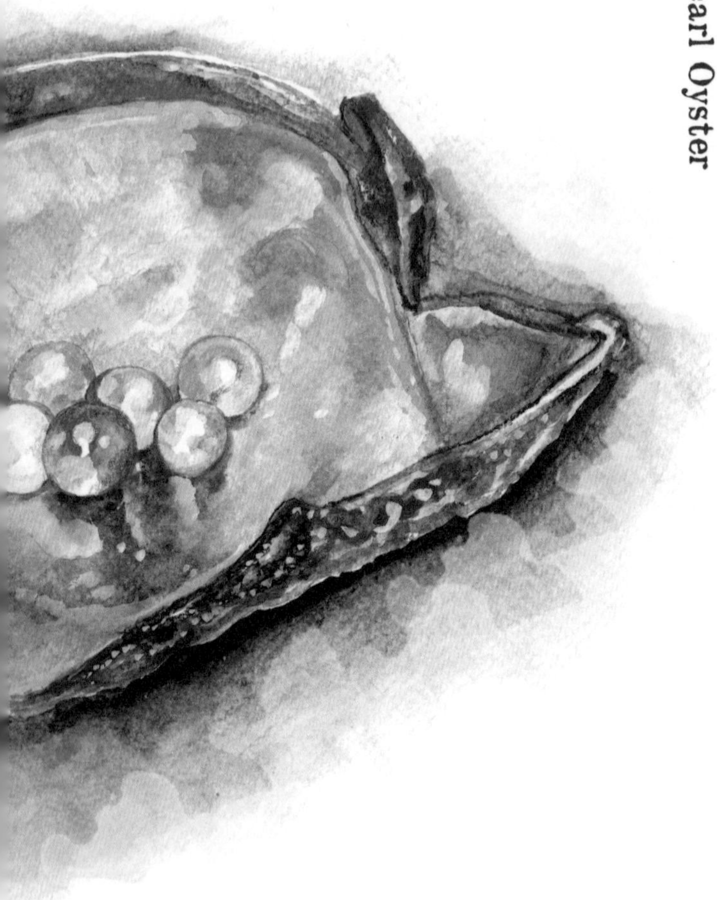

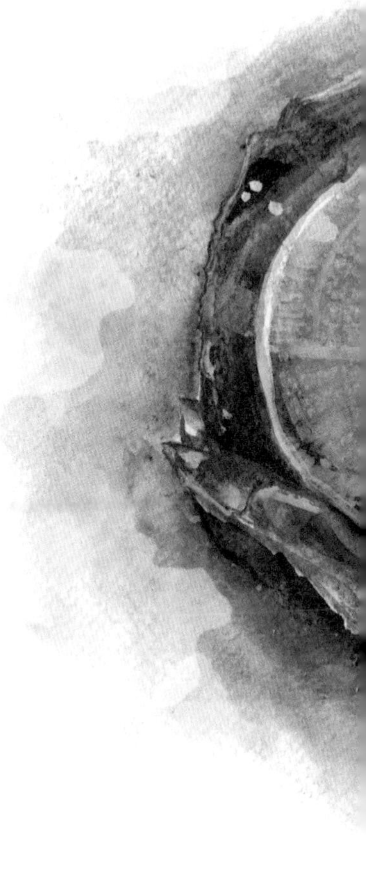

學名　*Pinctada imbricata*

種類　雙殼綱　牡蠣目

科名　鶯蛤科 (Pteriidae)

香港分佈　海洋

香港因為華燈璀璨、魅力四射而美稱為「東方之珠」，維港兩岸的迷人景色尤其昭著，甚至被評為「世界三大夜景」之一。然而沒太多人知道，從前這個小漁港，確確實實曾盛產珍珠。

元朝時的香港已是珍珠產場。成書於元成宗大德八年（一三〇四年）的《南海志》是了解宋元時期珠江三角洲的重要文獻，當中亦記載了香港的養珠業史：「珍珠多來自舶來，土產不多……元貞元年，屯門寨巡檢劉進程、張圭建言東莞縣大步海內產鴉螺珍珠……青螺角荔枝莊共二十三處亦有珠母螺出產……定議三年一次於六七月採，但所得數多少不定。」《新安縣志》亦云：「媚川都在城南大步海，南漢時採珠於此。」《南海志》及《新安縣志》中提及的「大步」即為現今新界「大埔」。

現時香港的珍珠培植者採用兩種原生貝：馬氏貝（舊稱「鴉螺」）及企鵝貝（舊稱「珠螺」）作港產珍珠培育。培植者先把淡水貝殼切成碎片，磨成圓粒，用「外科手術」的方式插進生殖囊，再用裙邊組織覆補之。裙邊組織分泌珍珠質把外來殼粒包裹，漸變豐厚飽滿；貝殼「手術」後放回海中再養約一年，即可採收。

珍珠貝為濾食性軟體動物，對水質極為敏感，水溫、光照、底層污染程度等均會影響其生長狀況。據説由於大埔吐露港一帶因城市發展導致水質污染，貝死珠亡，當地養珠產業不再。

馬氏貝及企鵝貝均屬鹹水貝，而其實淡水貝亦有能產珠的品種。鹹水貝所產的珍珠色澤較美，多做首飾，淡水貝珠色澤稍遜，多被磨成粉末，作為護膚品原材。

我凝視珍珠貝被撬開後，藏在肉底裡那顆彷彿完美無瑕的珍珠，想起台灣現代詩詩人洛夫，二〇一八年他出版人生最後一本詩集《昨日之蛇》，其中《河蚌》動我心弦：一陣大浪/把幽閉的大門撞開/牠把恨/連同一枚銅鑰匙/全都沉入江底/讓它們/同時生鏽/而熬成珍珠/乃出於一時之痴/只要是美的/賠上半生的痛/也值。

文蛤（沙白）

Asian Hard Clam

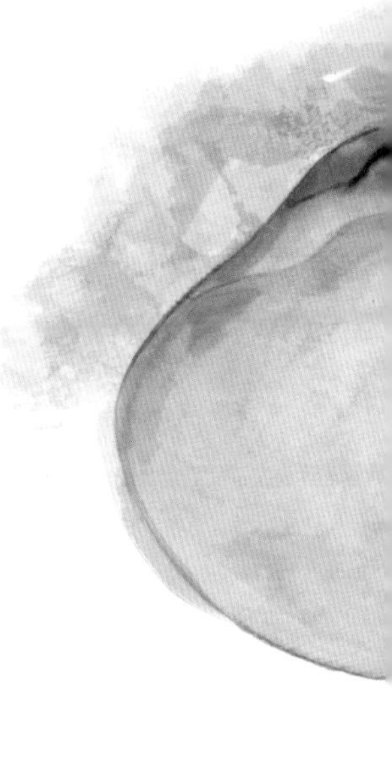

學名	*Meretrix meretrix*
種類	雙殼綱　簾蛤目
科名	簾蛤科 (Veneridae)
香港分佈	海岸

對於「蜆」的最初記憶，大概來自小時候父親帶我們「親親海邊挖挖蜆」的經歷。大概一年有三四次吧，我們總會帶著一些玩泥沙的塑膠玩具，站到不知名但一望無際的沙灘上。父親總會選擇初一、十五潮汐漲退最大的日子去沙灘，這時候，正值大退潮的沙坪變得無比廣闊、扁平、順滑，走在濕沙上，會踩出平整細緻的腳印。

我們提著玩具瞪大眼睛，炯炯有神，細心留意哪裡突然會飆出一條水柱，便衝過去用鏟子去挖。這時候通常都會在沙裡找到一兩隻蜆，品種不記得，大概是香港水域較常見沙蜆及沙白，平時餐廳吃到的豉椒炒蜆、蜆肉忌廉湯主要就是這兩種。我們每次不會挖太多，夠一餐享用就走了，回到家還要用鹽水浸蜆一夜，讓牠們吐出沙子，隔天才可以煮吃。

蜆是水生軟體動物，種類繁多，屬於濾食性，隨著一吞一吐，攝食水中浮游生物，因此能夠過濾和潔淨海水，保持水質清澈，同時避免造成海中累積過多營養，減少紅潮出現的機會。

古人對蜆，竟然有一套出乎意料的浪漫看法——他們認為白蜆生於霧中。每年春暖，白霧瀰空，濛濛霂霂之中，白蜆隨著微雨落下，是為「落蜆天」。清代李調元《南越筆記》曰：「番禺海中有白蜆塘，自獅子塔至西江口，凡二百餘里，皆產白蜆。歲二三月，南風起，霧氣蔽空，輒有白蜆子飛落，微細如塵。然落田中輒死，落海中得鹹潮之力乃生。」這些白蜆小苗微細如塵，落在地上會死，落到海中則能繼續成長。

挖蜆固然是開心事，但摸蜆人潮也會影響生態，若人人「大小通吃」，絕對會影響貝類種群的數量，大家應放生太小的蜆，讓牠們長大至成熟並繁衍，才可生生不息。另外亦宜輕裝上陣，使用小泥耙。取蜆後也要把水窪填平，把石塊恢復原位，減少對原生態的破壞。最後也最重要是「郊野不留痕跡，自己垃圾自己帶走」，這是最基本的禮儀了。

海南蜷螺

Large Stream Snail

學名　*Sulcospira hainanensis*

種類　腹足綱　中腹足目

科名　厚唇螺科 (Pachychilidae)

香港分佈　淡水溪流

「這不是屎，是隻螺，是一種叫海南蜷螺的動物。」我清一清喉嚨，對一群六七歲的孩子們說。

在梅子林五張壁畫中，有一張畫風特別稚嫩，那是我跟沙頭角小學生合作繪畫的壁畫作品，內容是四種在附近溪澗找到的動物，分別是海南蜷螺、廣東米蝦、日本絨螯蟹及平頭嶺鰍。為了令他們知道自己要畫什麼，我們到溪邊走走，讓他們親身觀察這種淡水螺。

常見於林下多石溪流環境，只要水質不太骯髒，大概都能找到海南蜷螺。牠們呈長錐形，但成年跟年幼個體的顏色分別很大：年幼時螺殼泥黃色，具褐色條紋，成年個體呈啡黑。牠們口內有軟體動物特有的進食器官「齒舌」；齒舌上有幾千顆微小牙齒，像銼一樣把食物磨碎，並運送到口腔內。牠們緊緊附在水底的石面，緩緩行走，刮食石面藻類或腐植物維生。

幼年期的海南蜷螺螺殼通常完整無缺，成年的卻大多「崩尾」，殼頂帶有缺損，有說因為香港的地質主要是花崗岩或火成岩，令溪澗的水略帶酸性，螺殼長期被水洗刷，不知不覺間被磨蝕。

談到有關淡水螺的神話，不得不提東晉陶淵明所寫的《搜神後記》，卷五提及一個螺女故事：晉安帝時，有一位十七八歲的少年謝端，自少失怙，由鄰居養大，為人恭謹守法、勤力耕作，年齡很大了還沒有娶妻，令鄰居十分著急。一天他「於邑下得一大螺，如三升壺」，拿回家養在甕中。此後謝端每天出門後回家，都會看到滿桌佳餚。他以為是鄰居幫他煮飯，前去感謝。鄰居卻說是：

「你所娶的妻子做的飯呀！」

謝端心中疑惑，有天他假裝出門，「於籬外竊窺其家中，見一少女，從甕中出」。他走進門，女子走避不及，只得和盤托出：「我是天界的白水素女，天帝見您可憐，派我來給您煮飯當家庭主婦，本打算十年後您致富了便離去。但現在原型被瞥見，我只得馬上離去。」謝端再三挽留不成，忽然天上颳風下雨，女子隨風而去。後來謝端為她立廟祭祀，最後居常饒足，家中小康，官至縣令。

扁蝸牛

Asian Trampsnail

學名　*Bradybaena similaris*

種類　腹足綱　柄眼目

科名　堅齒螺科 (Camaenidae)

香港分佈　農地及森林

一隻扁蝸牛在我所種的「四九菜芯」上爬來爬去，大概正在尋找最嫩美的菜葉。有關蝸牛，南朝集醫學家、文學家與書法家於一身的陶弘景如此形容道：「蝸牛生山中及人家。頭形如蛞蝓，但背負殼耳。」對他而言，蝸牛就是背負殼的蛞蝓。

農地常見的扁蝸牛身形不大，螺殼扁扁，殼徑約十二至十八毫米，呈半透明，泛著黃白色到淺棕色。最易辨認的特徵是殼頂那一條鮮明的栗色帶紋。牠們在落葉及植被中生活，如同一般的陸生蝸牛，扁蝸牛亦是植食性動物，嘴裡長著細小而整齊的角質舌齒。是的，牠會吃掉我種的蔬菜。

熱帶生活的扁蝸牛在旱季會休眠，可隨時隨地進入靜止狀態，把肉體縮入殼內，分泌黏液，形成一層鈣質薄膜封閉殼口，待氣溫和濕度合適時再出來活動。

交配季節主要在潮濕溫和的天氣，雌雄同體，異體受精，只要兩隻同類有緣在廣大的土地上相遇就能配對。最與眾不同的是，蝸牛的生殖孔與生殖器官位於臉頰側邊，使得牠們的交配儀式從人類目光來看有點異色——當兩隻蝸牛相遇後腹足會黏附在一起，彼此交纏擁抱以培養感情，其後從臉頰旁伸出雄性生殖器「戀矢」（又名射器或交配器），反覆刺激對方的生殖孔，並在裡面射精。交配後便分道揚鑣，各自尋找喜歡的隱密處產卵。

古人常以「蝸居」或「蝸牛廬」謙稱自己居處簡陋窄小，如清代吳敬梓的章回小說《儒林外史》，第十一回中楊執中道：「木該留三先生、四先生草榻，奈鄉下蝸居，二位先生恐不甚便。」

「蝸居」是古代謙語，在現今香港卻是困擾多年的真切問題。香港是亞洲金融中心，高樓林立，燈火璀璨，但其實地狹人稠，長年成為全球城市中樓價最難負擔首位，市民收入遠遠趕不上租金漲幅。面對高昂的租金，貧窮戶被迫住進將房屋分割成多個住間的「劏房」。劏房為節省空間，有時連廚房和廁所也會合併一起，劏房之間沒有獨立隔氣裝置，甚至共用污水渠，衛生環境惡劣。而據二〇二〇年政府統計處公佈有關劏房的最新統計數字，全港竟有近二十一萬人選擇住進劏房裡……反映出香港社會出現結構性的矛盾，問題亟待解決。

蚯蚓

Earthworm

學名 *Amynthas* sp.

種類 環帶綱　單向蚓目

科名 巨蚓科 (Megascolecidae)

香港分佈 林地的腐葉堆中

跟務農同伴聊天，發現大家不約而同想養蚯蚓。蚯蚓在泥土中鑽動，能令土壤結構變得疏鬆、多孔、通氣和透水。蚯蚓既可分解枯葉廚餘，消化後排出的蚯蚓糞亦是非常營養的有機肥料，富含氮、磷、鉀等養分以及微生物，適用於小規模可持續的有機農場。

對我來說蚯蚓是難以理解的神秘動物，其貌不揚，經常躲在泥土中不見天日，山路上遇見的，通常也是被曬乾被踩扁的乾屍。這種被達爾文（Charles Darwin）稱為「地球上最有價值的生物」，常見但竟被忽視。

請教蚯蚓專家 Michelle Law，才知道原來香港有多達二十一種蚯蚓。在生物學上，蚯蚓被分類為環節動物，身體由眾多環節組成，其中一段特別大的環，稱為「環帶」，環帶之前有心臟，沒有眼睛，前端有口、後端有肛門。牠們食性繁雜，喜食富含蛋白質、糖類的腐爛有機物，如落葉、半腐蔬菜碎片及畜禽糞便等。

「蚓之行也，引而後申，其塿如丘，故名蚯。」蚯蚓運動時，身體會先縮起來再伸出去，再縮起來，再伸出去，就這樣一伸一縮地前進，不會後退。

《禮記·月令》指：「孟夏蚯蚓出。」農曆四月，時值初夏，蚯蚓開始活躍。牠們具有雌雄同體的特性，體內同時擁有雌雄生殖器官。交配時，兩隻蚯蚓以頭尾相反的方向靠近，環帶便開始分泌黏液使兩者相黏，接著兩蚯蚓的雄性生殖孔突起，然後互相射精，將精子注入對方頭端附近的受精囊中。

交換而來的精子先暫時貯存在受精囊內，完事後雙雙分開。準備產卵時，環帶外圍會出現一圈白色有伸縮性的膠狀物質，叫做「卵繭」。蚯蚓將卵排入卵繭中，然後身體不斷扭動，使卵繭往前方移動，卵繭經過受精囊孔時，精子被排入卵繭中，完成受精。

剛產下的卵繭透明，呈橢圓形，十數天後可孵化成多條小蚯蚓。風吹枯葉落，落葉生肥土，枯葉分解變成腐植質，所依靠的正是這些小蚯蚓了。

附錄一　昆蟲的常見分類

在生物的分類階層下，昆蟲的分類地位屬於動物界、節肢動物門裡面的昆蟲綱。節肢動物門是動物界中最大的一門，而昆蟲綱則是節肢動物門裡惟一有翅而具有飛行能力的成員。

昆蟲綱下有多個目，目的數量因各派學者觀點不同而有所分別，至今並未統一。由於昆蟲種類繁多，現僅就各目中挑選常見種類作簡單描述。

目	簡述	常見昆蟲
衣魚目	身體細小而扁平，無翅，複眼退化或小，體表常有鱗片。	衣魚
蜉蝣目	稚蟲水生，成蟲體柔軟，觸角短，口器退化不取食。前翅大，後翅相當小呈圓形，尾端具長尾絲。	蜉蝣
蜻蜓目	稚蟲水生，成蟲陸生。成蟲頭部大且可靈活轉動。複眼大，觸角短。翅大小類似，脈紋多。	蜻蜓、豆娘
襀翅目	成蟲靜止時，翅平放於胸腹背面，前胸大。稚蟲水生，常生活在通氣良好之水域中。	石蠅
蜚蠊目	體背腹扁平，觸角絲狀，複眼發達，頭部隱藏於前胸之下。前翅較粗壯，覆蓋於膜質的後翅之上。	蟑螂
	體色淡，體柔軟。觸角念珠狀，複眼大且圓。翅膜質，狹長，前後翅大	

	食小型昆蟲。其卵鞘又稱螵蛸。	
革翅目	體狹長且扁平，前胸背板近四角形，前翅革質，後翅膜質。腹部末端具粗壯尾鋏。	蠼螋
直翅目	體形長，複眼發達，具典型咀嚼式口器。後足膨大，特化為跳躍足。腹部末端具一對短尾毛。	蝗蟲、螽蟴、蟋蟀
䗛目	體棍狀或葉狀，常具隱藏色，前胸背板短。翅有或無。前翅窄而粗壯，足長。	竹節蟲
嚙蟲目	頭大且前端隆起。複眼突起，觸角長絲狀，休息時，體呈屋脊狀，胸部由側面觀似駝背，短翅型及無翅型個體常見。	嚙蟲
蚤目	為外寄生種類，體背腹扁平，無翅。口器咀嚼式或刺吸式。足短而粗壯，跗節和爪特化為攀緣足，能緊捉寄主毛髮。	跳蚤
半翅目	口器為刺吸式，成蟲和若蟲都有吸管狀的吻突，用以吸取植物汁液。	蟬、椿象、蚜蟲、介殼蟲
脈翅目	複眼明顯，觸角絲狀。二對翅大小類似，翅脈一般為網狀，縱脈及橫脈相互交錯，其翅透明且質地柔軟。	草蛉、蟻蛉
鞘翅目	本目為昆蟲綱中最大的一目。前胸通常大且明顯，前翅特化為硬翅鞘，用於保護身體。後翅大，膜質，用於飛翔。	瓢蟲、天牛、象鼻蟲、虎甲
雙翅目	頭可動，複眼大。胸部中央膨大，前翅膜質，後翅退化成一對平衡器。	蚊、蠅、虻
毛翅目	似蛾類。複眼大，觸角長絲狀，口器不發達。身體和翅具毛。翅大小相似，停息時呈屋脊狀。	石蠶蛾
鱗翅目	本目種類繁多，複眼發達，口器為虹吸型。身體和翅上常覆蓋鱗片。	蝶、蛾
膜翅目	複眼發達，口器兼具咀嚼與刺吸之功能。軀體呈圓柱形，具二對膜質的翅。本目大多數種類均為社會性昆蟲。	蜂、蟻

完全變態　不完全變態　無變態

附錄二 昆蟲的成長小知識

完全變態昆蟲

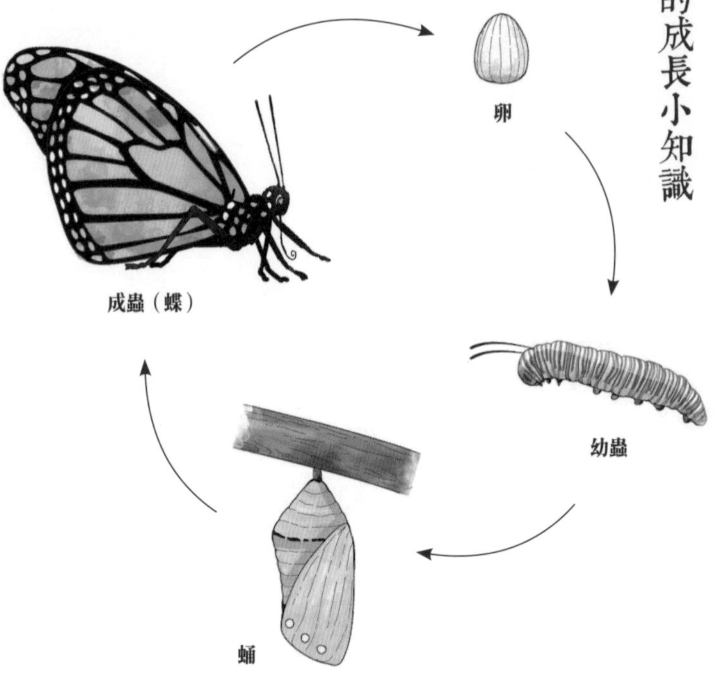

會「變態」的昆蟲

昆蟲由卵變成具繁殖能力的成蟲，會經過幾個階段的變化，成長方式可分為完全變態、不完全變態及無變態。

完全變態昆蟲：這類昆蟲的成長過程中會經過包括卵、幼蟲、蛹和成蟲四個階段。

不完全變態昆蟲：成長過程中只有卵、若蟲（水生昆蟲的若蟲又名稚蟲）和成蟲三個階段，沒有了化蛹的過程。

無變態昆蟲：幼體除體型較小及無生殖能力外，形態與成蟲幾乎一模一樣，其食性、習性均無改變。

不完全變態昆蟲

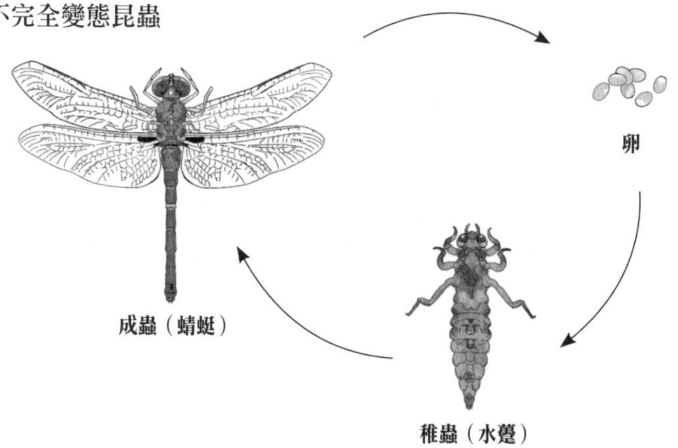

無變態昆蟲

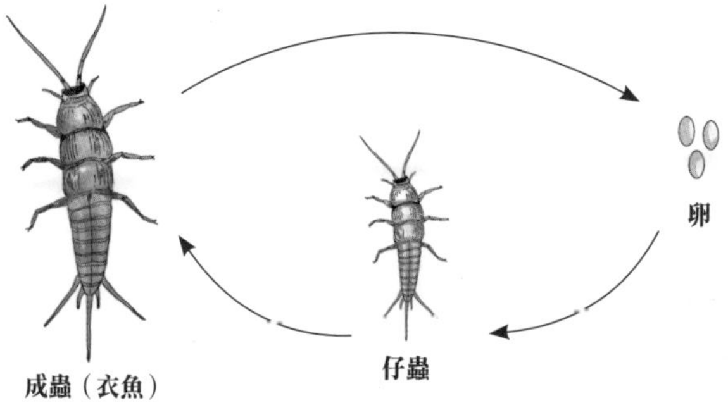

昆蟲的單眼與複眼

單眼：構造較簡單，是一個突出的水晶體，內部是一團視覺細胞，以辨別明暗和距離遠近，只感光不呈像。

複眼：昆蟲的每隻複眼由成千上萬隻六邊形的小眼緊密組合而成，每隻小眼睛只能看到物體的一部份，相互嵌合後形成影像。

附錄三　米蝦的結構

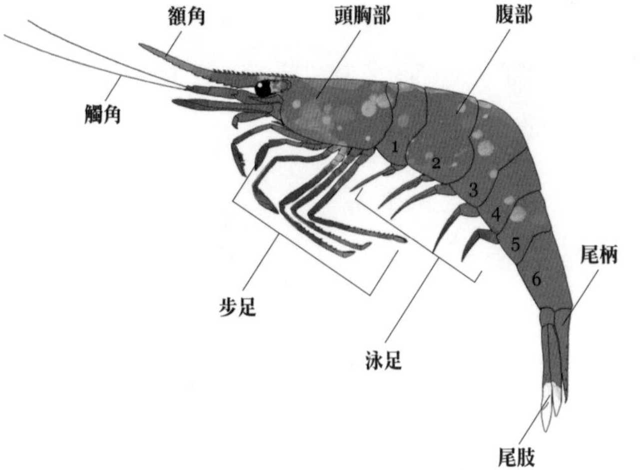

附錄四　魚的身體結構

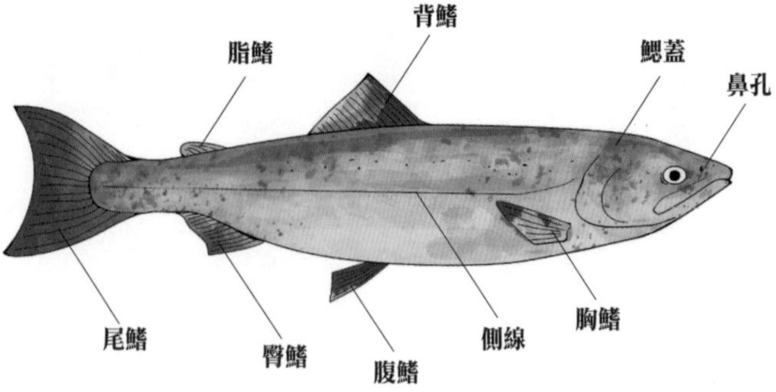

附錄五　蚯蚓交配及生產連環圖

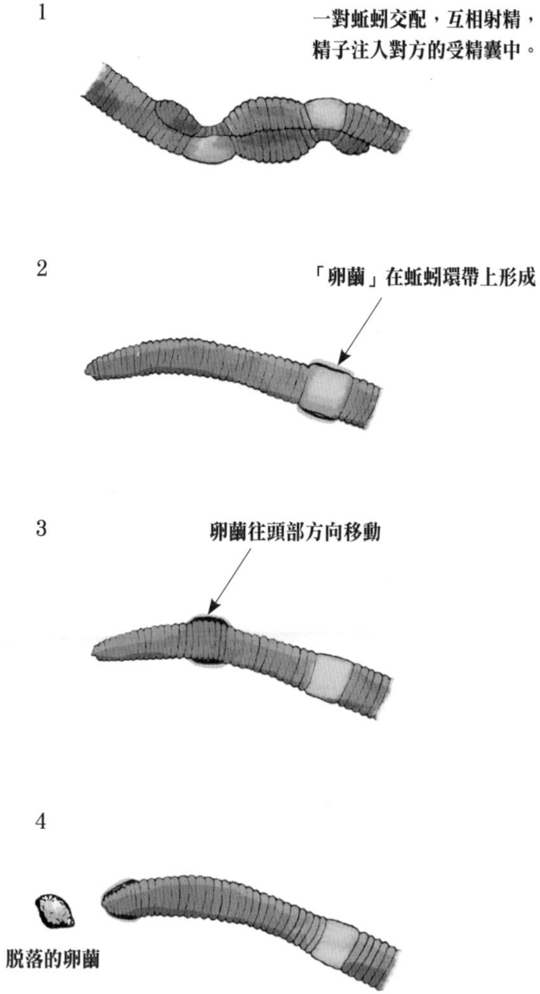
1
一對蚯蚓交配，互相射精，
精子注入對方的受精囊中。
2
「卵繭」在蚯蚓環帶上形成
3
卵繭往頭部方向移動
4
脫落的卵繭

葉曉文（Human Ip）

香港作家及畫家。愛好自然郊野，近年投身自然書寫，二〇一四年及二〇一六年出版圖文著作《尋花——香港原生植物手札》及《尋花 2》，二〇一七年底推出動物相關著作《尋牠——香港野外動物手札》，二〇一九年最新作品為短篇小説集《隱山之人 **in situ**》。繪畫及文字作品散見於報章及雜誌，曾舉辦個人畫展「花未眠」、「城市森林中的花與牠」及「在山上——筆記香港動植物」。亦曾跟私人機構、非政府機構、政府機構、學校等有不同形式的合作，舉辦如講座、畫展、野外導賞、創作坊等。二〇一九年任荔枝窩梅子林村藝術活化計劃之壁畫策展人。